U0149447

异步图书
www.epubit.com

面向电子鼻的复合光气体传感方法

张文理　王毅　陈柯帆　著

人民邮电出版社
北　京

图书在版编目（CIP）数据

面向电子鼻的复合光气体传感方法 / 张文理，王毅，陈柯帆著. -- 北京 : 人民邮电出版社，2024.1
ISBN 978-7-115-62711-7

Ⅰ. ①面… Ⅱ. ①张… ②王… ③陈… Ⅲ. ①智能传感器 Ⅳ. ①TP212.6

中国国家版本馆CIP数据核字(2023)第178051号

内 容 提 要

电子鼻是人工嗅觉技术的代表产品，能对不少气体的种类和浓度进行判决，被用于工农业生产、医疗卫生、环境监测等领域。如何提升判决精度，是目前相关研究人员关注的焦点。

本书旨在探索面向电子鼻的复合光气体传感方法，以解决现有电子鼻传感阵列规模小、响应/恢复速度慢的问题。全书共分 6 章，第 1 章和第 6 章分别为绪论和总结与展望，第 2～5 章分别介绍了基于光栅光谱技术的电子鼻气体传感方法、基于空间外差光谱技术的可视化电子鼻气体传感方法、光学电子鼻气体传感系统的干扰抑制方法，以及可视化空间外差光谱电子鼻气体传感系统优化方法。

本书论述清晰，图文并茂，适合从事电子鼻传感系统研究的相关读者阅读，也适合作为高校相关专业学生的参考书。

◆ 著　　　　张文理　王　毅　陈柯帆
　责任编辑　贾鸿飞
　责任印制　王　郁　胡　南

◆ 人民邮电出版社出版发行　　北京市丰台区成寿寺路 11 号
　邮编　100164　　电子邮件　315@ptpress.com.cn
　网址　https://www.ptpress.com.cn
　北京捷迅佳彩印刷有限公司印刷

◆ 开本：880×1230　1/32
　印张：6　　　　2024 年 1 月第 1 版
　字数：155 千字　　2024 年 1 月北京第 1 次印刷

定价：99.90 元

读者服务热线：(010)81055410　印装质量热线：(010)81055316
反盗版热线：(010)81055315
广告经营许可证：京东市监广登字 20170147 号

FOREWORD 前言

作为人工嗅觉技术的代表，电子鼻能提供比较客观、准确的气体评价，被应用于工农业生产、医疗卫生、环境监测等领域。但它的性能与人们期待的还有一定的差距，主要原因是电子鼻的气体传感系统仍不完善，表现在响应范围窄、传感阵列规模小（最多由几十个传感器组成）导致其可检测气体种类有限，传感器响应/恢复速度慢、易中毒等。而以复合光为媒介的光吸收气体传感技术，其传感单元不仅满足电子鼻所要求的交叉敏感性和广谱响应性，且数量可达数万甚至数百万个，远远超过现有电子鼻的传感阵列规模。另外，光传感还具有响应/恢复速度快、没有中毒问题等特点。因此，复合光吸收气体传感技术在电子鼻气体传感方面具有巨大潜能，但目前这方面的研究多数还缺乏深入的理论分析和方案论证。

本书旨在探索面向电子鼻的复合光气体传感方法，引入复合光吸收气体传感技术以解决常规电子鼻传感阵列规模小、响应/恢复速度慢的问题。围绕这一目标，本书从气体传感、干扰抑制、系统优化等方面进行介绍，具体内容如下。

1. 基于光栅光谱技术的电子鼻气体传感方法

针对现有的问题，本书探索将复合光吸收气体传感技术引入电子鼻，提出一种基于光栅光谱技术的电子鼻气体传感方法。首先根据分子光谱学原理建立气体传感模型，然后利用该模型搭建基于光栅光谱技术的电子鼻气体传感系统（简称“光学电子鼻”）实验平台，最后通过测试获取不同待测气体的响应数据，并按照电子鼻的信息处理方法对传感数据进行分析。结果表明，新型气体传感方法的传感时间仅为36s，传感阵列规模达到1957×1，传感数据测试集的平均识别率大于96%，这些参数均优于现有电子鼻，验证了该方法的可行性和有效性。

2. 基于空间外差光谱技术的可视化电子鼻气体传感方法

在探索将复合光吸收气体传感技术引入电子鼻的过程中，普通光栅光谱技术难以兼顾宽光谱和超高光谱分辨率，限制了传感系统对精细峰状光谱的探测。因此，本书首次将空间外差光谱技术（其光谱分辨率是普通光栅光谱仪的数十倍甚至上百倍）引入电子鼻，提出基于空间外差光谱技术的可视化电子鼻气体传感方法。首先综合空间外差光谱技术和分子光谱学原理建立了气体传感模型，然后利用该模型构建基于空间外差光谱技术的可视化电子鼻气体传感系统（简称“可视化空间外差光谱电子鼻”），最后选用合适的器材搭建实验平台，并利用其对不同浓度NO_2的测试结果验证了本方法的可行性和有效性。分析发现：该方法达到的光谱分辨率为$0.014mm^{-1}$，传感阵列规模为600×1400，明显改善了现有气体传感方法的传感光谱分辨率（普通光栅光谱技术的光谱分辨率约为$1.5mm^{-1}$）和阵列规模。

另外，针对可视化空间外差光谱电子鼻的响应图谱包含多尺度、多方向分布的特点，本书引入小波包变换的图像特征提取方法。首先通过仿真实验获得不同待测气体的响应图谱，然后使用特定的方法分别提取响应图谱的综合特征，最后对特征数据进行模式识别分析。结果表明：本方法测试集的平均识别率为85%，高于经典方法77%的识别率。

3. 光学电子鼻气体传感系统的干扰抑制方法

光学电子鼻气体传感系统在实测环境中会受到干扰，如环境温度、气压、杂散光、电子噪声等会造成系统传感数据质量降低，针对这类问题，本书提出基于最小二乘支持向量机的光学电子鼻干扰抑制方法。该方法使用最小二乘支持向量机拟合标准数据与测试数据之间由各种干扰引起的非线性变换，并从实测数据中获得气体传感数据的最佳估计，达到干扰抑制的目的。与现有方法的对比表明，此方法不仅保留了原始数据的波形、相对极值和宽度等信息，而且使归一化相关系数提高到了0.99，有效实现了传感系统的干扰抑制，增强了系统的稳健性。

4. 可视化空间外差光谱电子鼻气体传感系统优化方法

作为可视化空间外差光谱电子鼻气体传感系统的光谱探测模块，空间外差光谱仪的性能直接决定系统的传感性能和应用前景。因此，我们分别从算法和硬件的角度对气体传感系统进行优化：算法方面，针对杂散光、电子噪声等造成的干涉图畸变问题，提出了一种空间外差光谱技术的干涉图校正方法，使用该方法对实测干涉图校正后的光谱分辨率误差小于0.017mm^{-1}，验证了方法的有效性；硬件方面，考虑到空间外差光谱仪在实际应用中受光栅衍射效率、探测器光强分辨率的限制，提出了一种交互式宽光谱空间外差光谱电子鼻气体传感方法，通过交替使用两组衍射角相同、刻槽密度不同的中阶梯光栅，既保证了传感系统探测光谱的连续性，又将光栅的临界衍射效率从40%提高到68%，干涉图的最低衬比度达0.41，有效降低了空间外差光谱技术对光栅、探测器等设备的要求。

本书是作者多年研究的积累，多个科研项目的支持使研究能够顺利进行，在此对支持方表示感谢，感谢国家自然科学基金青年项目（62201510）、国家自然科学基金项目（61801435）、河南省高等学校青年骨干教师培养计划项目（2020GGJS172）、河南省高校科技创新人才支持计划项目（22HASTIT020）、河南省科技攻关计划项目（232102210151、232102220054、222102320191、222102210237）、河南省杰出外籍科学家工作室项目（GZS2022011）、河南省高等教育教学改革研究与实践项目（学位与研究生教育）（2021SJGLX247Y）、郑州航空工业管理学院科研团队支持计划专项（23ZHTD01005），以及航空航天电子信息技术河南省协同创新中心、通用航空技术河南省重点实验室、航空航天智能工程河南省特需急需特色骨干学科（群）的大力支持。

由于作者水平有限，书中难免存在不妥或谬误之处。读者可以将发现的问题反馈给我们，也可以就其他问题发表宝贵意见，我们的邮箱地址为jiahongfei@ptpress.com.cn。

作者

2023年8月

CONTENTS 目录

绪论

基于光栅光谱技术的电子鼻气体传感方法

基于空间外差光谱技术的可视化电子鼻气体传感方法

光学电子鼻气体传感系统的干扰抑制方法

可视化空间外差光谱电子鼻气体传感系统优化方法

总结与展望

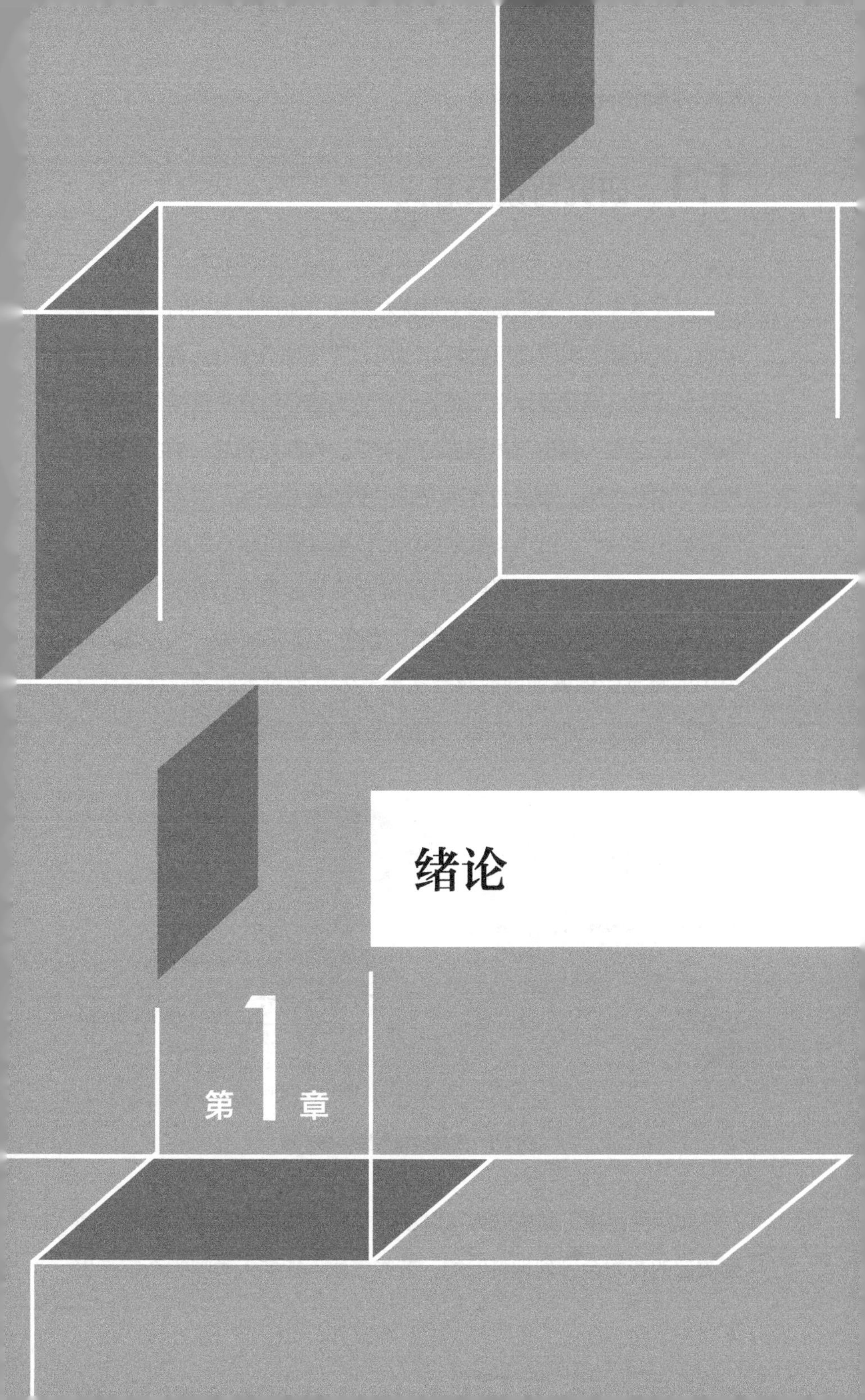

第1章 绪论

1.1 研究背景及意义

对人类来说，嗅觉是嗅觉系统对某种气体产生感知的一种生理反应，其大致的响应过程如图1.1所示[1]：气味分子进入鼻腔后与嗅觉受体接触，嗅觉受体受到刺激而产生的信号经过嗅觉神经传递至嗅球，在这里大量的气体信息经历筛选、抑制处理后，经由僧帽细胞传至梨状细胞，最后传导至大脑中枢的嗅觉区域，嗅觉中枢根据经验给出判决[2]。由人类嗅觉系统的传感机理可知，在感知气体的过程中，与气味分子直接接触的嗅觉受体起着十分重要的作用，它直接承担着获取气体特征信息的任务。研究发现，人类嗅觉系统中的嗅觉受体既能同时感受多种气体又能对不同的气体表现出不同的灵敏度，即同时具有广泛响应性和交叉敏感性[1]。

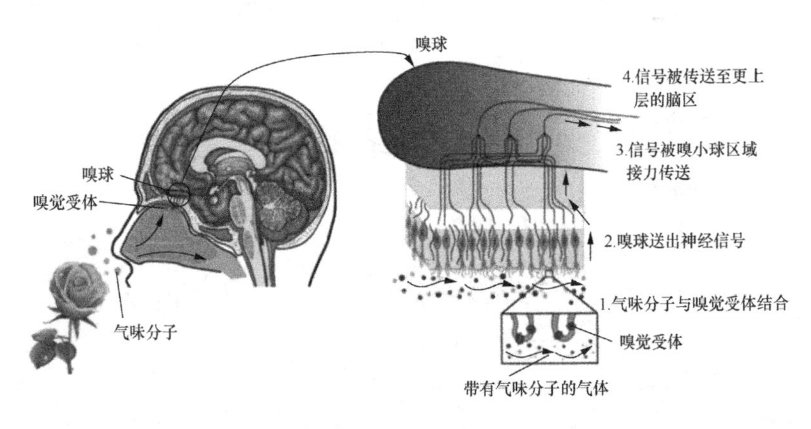

图1.1　人类嗅觉系统传感示意

实际生活中，某些气体可以使人类产生强烈的反应，如有人闻到浓郁的花香会剧烈地打喷嚏；有些气体不能使人类嗅觉系统产生响应，如氧气、氮气等，这些气体对人类来说是无味的，人类也就不会有响应。一般来讲，人们对有味的气体关注度更高，经常忽略无味或对人类嗅觉器官刺激较弱的气体，而这些无味或者刺激性较弱的气体往往对人体有巨大的危害。如标准状态下呈无色无味的一氧化碳极易与血液中的血红蛋白结合形成碳氧蛋白，而碳氧蛋白不具有携带氧气的能力，这会使人因缺氧而窒息；又如室内建材挥发的一些气体（如醛、苯类化合物等）具有刺激性，但刺激性小且释放缓慢，人们往往放松对它们的警惕，最终出现头疼、头晕、四肢乏力，甚至免疫力下降、呼吸困难等症状。综上可见，人类嗅觉系统并不是万能的，也存在一些缺陷，例如：

① 不能对所有气体产生响应；

② 嗅觉器官的敏感性存在个体差异，无法形成统一的气体鉴别标准；

③ 对危险气体没有预测、报警能力等。

但是，人类并没有因此切断通过气味认知事物的路径。相反，随着科技的发展，研究人员投入了更大的精力来探索对气体的感知。1982年，英国华威大学的K. Persaud等模仿人类嗅觉系统的结构和机理提出了一种用于气体检测、分析和识别的电子系统[3]，简称人工嗅觉系统，又称电子鼻（electronic nose）。1994年，同样在华威大学工作的J.W. Gardner和P.N. Bartlett给出了电子鼻的具体定义，即电子鼻是由多个性能各异的化学传感器和适当的模式识别系统组成的、能识别单一或复杂气体的装置（An electronic nose is an instrument, which comprises an array of electronic chemical sensors with partial specificity and an appropriate pattern-recognition system, capable of recognizing simple or complex odors）[4]。作为一种仿生嗅觉系统，电子鼻的基本结构包括气体传感阵列、信号预处理单元和模式识别单元[5]。图1.2所示为电子鼻系统与人类嗅觉系统的对比。

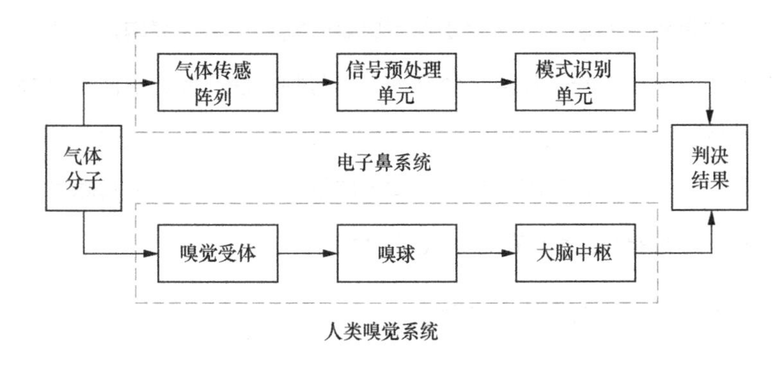

图1.2　电子鼻系统与人类嗅觉系统对比

对比电子鼻系统和人类嗅觉系统的传感机理可以发现：电子鼻系统中的气体传感阵列相当于人类嗅觉系统的嗅觉受体，它对气体分子进行吸附和解吸附，并将其转化为电信号；信号预处理单元相当于嗅球，它负责对气体传感阵列产生的电信号进行调制、放大、滤波等；模式识别单元相当于大脑中枢，它对预处理信号进行特征提取和模式分类，并给出对气体的判决结果[1]。

近三十年来，传感技术、电子技术和信息处理技术的不断发展，促进了电子鼻相关技术的快速发展。目前，市场上已经有一些较为成熟的电子鼻产品，如法国Alpha MOS公司的FOX系列、瑞士SMart Nose公司的Smart Nose系列、德国Airsense公司的PEN系列、德国Lennartz Electronic公司的MOSES系列以及美国

Electronic Sensor Technology Inc.公司的ZNose系列等，具体信息如表1.1所示[5]。这些产品以其气体检测快速、客观的优势被应用在食品安全[6, 7]、肉质鉴定[8]、医学临床[9, 10]、环境监测[11]、公共安全[12]等领域。

表1.1 目前较为成熟的电子鼻产品[5]

产品名称	公司名称	产品说明
FOX5000	法国Alpha MOS	包含温度、湿度传感器，金属氧化物半导体（metal oxide semiconductor，MOS）、导电聚合物（conducting polymers，CP）、石英晶体微天平（quartz crystal microbalance，QCM）传感器的6传感器阵列，与计算机联用
Smart Nose-300	瑞士SMart Nose	基于电子鼻的质谱仪，与计算机联用
PEN3	德国Airsense	使用10个MOS气敏传感器的台式电子鼻，用于检测食品及环境
MOSES Ⅱ	德国Lennartz Electronic	便携式模块化电子鼻，包含QCM、MOS、温度、电化学等多种传感器
ZNose 7100	美国Electronic Sensor Technology Inc.	采用12个声表面波（surface acousticwave，SAW）传感器和气相色谱（gas chromatograpy，GC）柱技术合成一体仪器，用于车内、实验室等环境检测
Cyranose 320	美国Cyrano Science	便携式电子鼻，采用32个CP型传感器对样品进行检测和分析
Aromascan	英国路易发展	由32个CP型传感器组成，用于食品、环保监测

这些电子鼻产品虽被应用到多个领域，但并没有得到广泛推广，主要原因是承担电子鼻气体传感任务的核心部件——气体传感系统的性能仍不够完善，具体表现在两个方面：

① 常规电子鼻的传感阵列规模较小、响应范围窄，限制了电子鼻可检测气体的种类；

② 构成电子鼻传感阵列的传感器受环境影响大，且存在价格昂贵、响应/恢复速度慢、易中毒等缺陷，影响了电子鼻的检测精度和应用场景范围。

因此，急需寻找一种优良的、稳定的气体传感方法来改善电子鼻的性能，提升电子鼻的应用前景。

就目前来看，可以考虑用复合光吸收气体传感技术承担核心的气体传感任务。具体来讲，在以复合光为媒介的气体传感系统中，选择合适的光谱探测模块，可将输入的复合光分解成大量独立的传感单元，而根据光自身的特性可知，由这些传感单元构成的传感阵列同时具有广泛响应性和交叉敏感性，满足电子鼻对其传感阵列的要求。这种技术的优点如下：

① 传感单元的数量可达数万甚至数百万（光谱分辨单元的个数），规模远远超过现有电子鼻的传感阵列；

② 响应/恢复速度快、不存在中毒问题；

③ 具有较宽的光谱范围，可实现多种类气体同时、在线检测；

④ 光传感无接触的气体检测方式，可对高温度、高湿度、高腐蚀性气体进行检测。

基于上述原因，我们提出面向电子鼻的复合光气体传感方法，以改善现有电子鼻气体传感阵列的性能，拓宽电子鼻的应用前景。

1.2 研究现状

1.2.1 电子鼻中常用气敏传感器研究现状

作为电子鼻的核心部件，气敏传感器是一种利用各种化学、物理效应将气体信号按一定规律转换成电信号输出的器件（如图1.3所示），它的性能直接决定着电子鼻的整体性能。因此，气敏传感器要具有良好的交叉敏感性、选择性、可靠性和稳健性，且满足响应快、恢复时间短、重复性好等要求。近年来，随着材料科学的发展和器件制作工艺的提升，气敏传感器的种类更加丰富，传感性能也有了很大的提升。

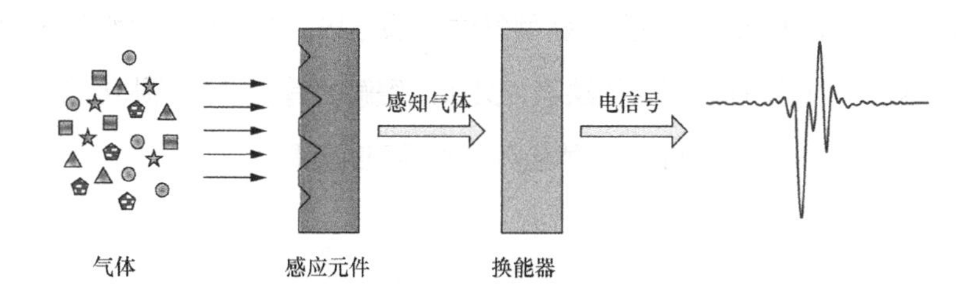

图1.3　气敏传感器示意图

目前，常用的气敏传感器类型包括金属氧化物、电化学、催化燃烧、光化学、脂涂层、导电聚合物、碳纳米材料和生物等[5]。其中，金属氧化物传感器制作简单、成本低，是目前使用最多的类型之一，但它受环境温度和湿度影响大，输出结果随时间漂移明显[13-16]；电化学传感器灵敏度高、可选择范围广，但使用寿命短、响应范围窄[17, 18]；催化燃烧型传感器具有稳定性好的特点，但易受硫化物和卤素化合物等的影响；光化学传感器灵敏度高、响应范围广，且响应结果可视化，是气体高精度检测的有效手段，但体积大、结构复杂、生产成本较高[19]；脂涂层传感器精度高、质量小、功耗低，但测试范围窄、受环境影响大；导电聚合物传感器稳定性强、易于微型化设计，但存在时间漂移及恢复时间长等问题；碳纳米材料传感器是近年研究的热点，它能定量及定性地对气体进行分析，具有灵敏度高、工作温度低等优点，但恢复时间长、抗干扰能力弱[20, 21]；生物传感器在一定程度上克服了环境因素对传感器性能的影响，但制作难度大、使用寿命短。

总的来看，当前气敏传感器的发展已相对成熟，但商业化产品仍存在诸多问题。另外，过小的阵列规模严重限制了电子鼻的气体检测种类。因此，本书探索新型气体传感方法，力求既能克服气敏传感器响应/恢复时间长的缺陷，又可以缓解现有电子鼻气体传感阵列规模小、响应范围窄、气体检测种类受限的问题。

1.2.2 光吸收气体传感技术与光学电子鼻研究现状

基于分子光谱学原理的光吸收气体传感技术既可以实现气体的非接触检测，又具有响应速度快、可实时监测和多组同时检测等优点，成为气体检测的重要技术之一[22]。从量子学角度来看，光是由一系列具有不同能量的光子组成，而吸收光谱是指相应的光辐射能量被物质吸收后产生的光谱，其产生的必要条件是光源提供的辐射能量恰好满足该物质分子能级间跃迁所需的能量[21]，其中物质分子的基本能级跃迁如图1.4所示[23]。从图1.4可以看出：① 同一物质可以吸收多种波长的光子所发出的辐射，即具有多条特征谱线；② 不同物质由于分子结构的差异具有不同的特征谱线，体现在物质吸收谱线的分布上。

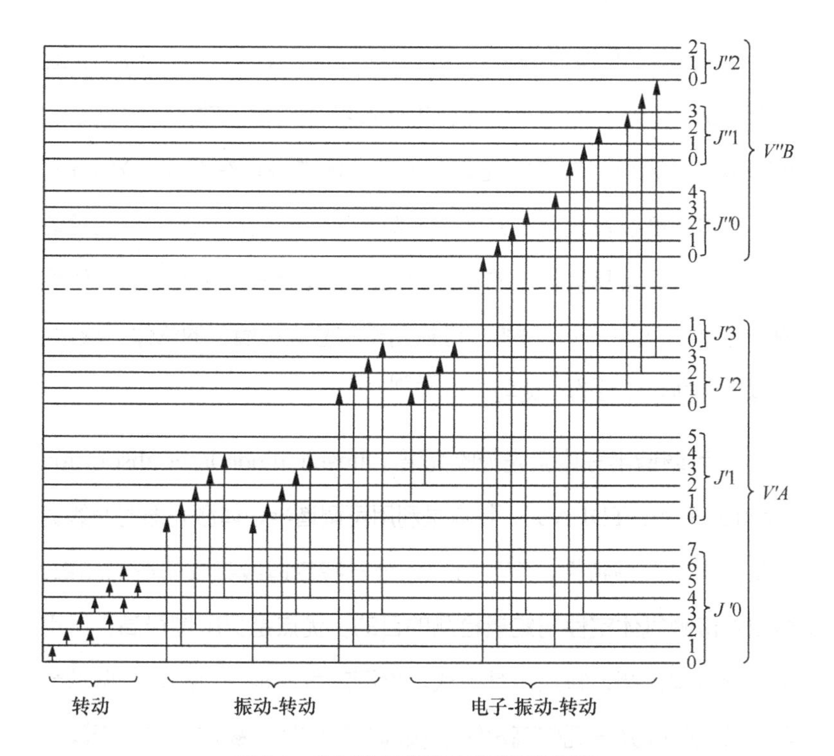

图1.4　物质分子的基本能级跃迁示意

目前，常规的光吸收气体检测技术均按照上述物质对光的选择吸收特性实现对气体的定性/定量分析。本小节将介绍几种常见的光吸收气体传感技术以探索将其应用于电子鼻的可行性。

① 直接光谱吸收（direct absorption spectroscopy，DAS）。特点是基于气体分子光谱学理论，利用常规的光栅光谱仪记录输入光谱和吸收光谱，对气体的种类和浓度进行分析。优点是响应速度快、结构简单、实用性强、生产成本低，便于集成化设计；缺点是系统的检测灵敏度偏低。直接光谱吸收技术多被应用于大气环境监测、工业及精细化农业生产等领域。

② 傅里叶变换红外光谱（Fourier transform infrared spectrum，FTIR spectrum）。特点是利用光的干涉特性代替色散，通过控制动镜的运动距离获得较高的光谱分辨率。优点是具有较大的光通量、较高的灵敏度以及较宽的光谱检测范围等；缺点是系统中存在运动部件，要求设备具有极佳的机械性能，不适合恶劣环境中的气体检测。傅里叶变换红外光谱被广泛应用于实验室环境下的气体、液体、固体化合物等样品的检测与分析[24-26]。

③ 可调谐半导体激光吸收光谱（tunable diode laser absorption spectroscopy，TDLAS）。特点是利用可调谐半导体激光器的窄线宽度及波长可调谐特性，实现对气体分子特定谱线吸收情况的测量，达到对待测气体定性与定量检测的目的。优点是灵敏度极高，可用于痕量气体检测；缺点是其单次可检测的气体种类有限。可调谐半导体激光吸收光谱凭借高灵敏度和高分辨特性，被广泛应用于同位素分析、分子结构研究、医学成像等[27-29]领域。

④ 差分吸收光谱（differential optical absorption spectroscopy，DOAS）。特点是利用气体分子对辐射光的差分吸收特性来反演待测气体的浓度，具体来讲，差分吸收光谱综合考虑瑞利散射、米氏散

射以及大气中的其他消光因素，利用完全形式的朗伯-比尔定律对待测气体进行定量分析。优点是具有较宽的光谱响应范围，可实现多类气体同时检测，且具有较高的灵敏度；缺点是它只是更适合对存在瑞利散射和米氏散射的气体进行检测。起初差分吸收光谱多用于大气中多类痕量气体的同时检测[30]，近二十年间该技术出现了多种创新性发展，如multi axis-DOAS[31]、long path-DOAS[32]、mobile mini-DOAS[33]、CE-DOAS[34]以及imaging-DOAS[35]等，这些技术以其优良的性能被应用于烟气气体排放监测、城市道路空气监测等[36, 37]。

⑤ 腔衰荡光谱（cavity ring-down spectroscopy，CRDS）：特点是借助两面高反射率的凹面反射镜构成的光学谐振腔，让光线在腔内经过多次反射，以实现气体的高精度检测[38]。优点是具有极高的检测灵敏度、对光强波动反应不明显，降低了系统对光源的要求；缺点是由于腔衰荡光谱及其改进技术使用窄带激光光源，所以可检测的光谱范围较窄，即可检测的气体种类有限。腔衰荡光谱技术多应用于痕量气体检测或吸收的定量分析等[39, 40]。

综上所述，光吸收气体传感技术具有独特的优势，满足电子鼻对气体传感阵列要具有交叉敏感性和广谱响应性的要求。但现有的光吸收气体传感技术受光谱探测方式、气室结构以及数据处理方法的影响，尽管每种技术都具有独特的性质，可按照电子鼻气体传感方法的实际应用来看，并不是所有的光吸收气体技术都适合直接应用于电子鼻承担气体传感任务。因此，尽管关于将光吸收气体传感技术引入电子鼻的设想已有一些研究，但这些研究大多处于探索阶段[41, 42]，如赵[38]首次提出将复合光吸收气体传感技术引入电子鼻实现气体传感，但其研究仅处于理论论证阶段。基于此，我们在原有工作的基础上，结合光吸收气体传感技术的研究现状开展研究，以期提出面向电子鼻的复合光气体传感方法，以缓解常规电子鼻传感阵列存在的阵列规模小、响应/恢复时间长的问题。

1.2.3 空间外差光谱技术研究现状

在常见的光吸收气体检测系统中，光栅光谱技术凭借优良的光谱探测性能得到了广泛的应用，但普通的光栅光谱技术存在光谱范围与分辨极限相互制约的缺陷，限制了系统对精细峰状光谱的探测。作为一种新型的干涉式光谱探测技术，空间外差光谱（spatial heterodyne spectroscopy，SHS）具有超高的光谱分辨率，是普通光栅光谱技术的数十倍，且相对于傅立叶变换光谱技术[43]、迈克尔逊干涉技术[44]、法布里-珀罗干涉技术[45]等，其具有无运动部件、对元器件工艺要求低、便于集成化设计和光通量高等优点。因此，将空间外差光谱技术引入电子鼻承担其光谱探测的任务具有巨大的潜能。

1971年，日本科学家T. Dohi和T. Suzuki首次提出了空间外差光谱的概念[46]，但该技术在最初提出的二十年间几乎没有得到任何发展。1991年，美国威斯康星大学的J.M. Harlander在他的博士论文中详细阐述了空间外差光谱技术的基本原理并在实验室条件下构建了第一台空间外差光谱仪样机[47]（如图1.5所示），使这种具有超高光谱分辨率的干涉式光谱探测技术得到了发展。

图1.5　第一台空间外差光谱仪样机

在过去的三十年中，随着研究的深入，人们发现基本型空间外差光谱仪存在一些缺陷，如可探测的光谱范围比较窄，光谱分辨能力受探测器采样点数的限制等，这极大地制约了其应用前景。因此，两种宽光谱空间外差光谱技术应运而生：一种是基于共光路结构的（光谱仪如图1.6所示），基本原理是将闪耀光栅同时作为色散和分光元件，并使用平面反射镜和屋脊反射镜实现三角共光路结构，再通过控制反射镜的旋转角实现中心波数的逐步扫描，进而达到谱段展宽的目的[48, 49, 50]；另一种是使用中阶梯光栅替代基本型空间外差光谱仪中的平面光栅，利用中阶梯光栅在多个衍射级次上具有较高衍射效率的特点，通过多级次差分干涉，实现探测谱段的展宽[51, 52]。

本书首次提出借助宽光谱空间外差光谱技术可在较宽的光谱范围内获得超高的光谱分辨信息的特点，解决光栅光谱技术存在的光谱范围与分辨率相互制约的问题，实现系统对精细峰状光谱的探测。

但是，将空间外差光谱技术直接应用于电子鼻实现气体传感还面临诸多问题：如何根据宽光谱空间外差光谱技术的基本原理建立面向电子鼻的超分辨气体传感模型；利用该模型构建的电子鼻气体传感系统能否获得有效的传感信息作为气体定性/定量分析的依据；系统的直接输出为二维图谱，需要寻找新的数据分析方法来提升系统传感数据的处理效率；等等。

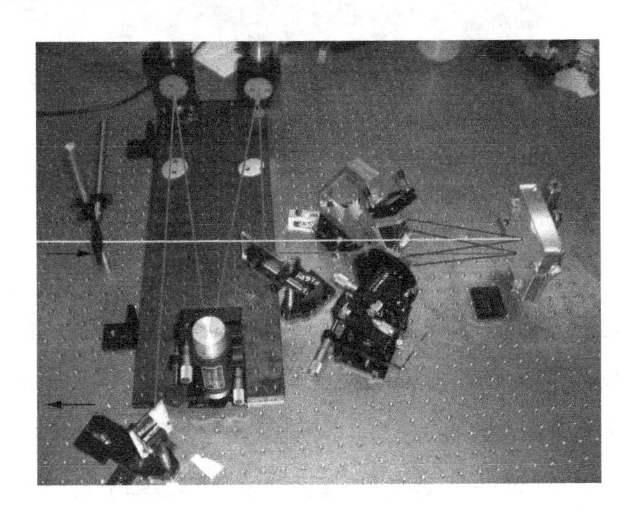

图1.6　基于共光路结构的空间外差光谱仪示意

1.2.4　光吸收气体传感技术与光学电子鼻的数据处理方法研究现状

传统的光吸收气体传感技术在应用时需要首先准确获取测试气体的吸收波长及波长对应的强度信息，然后根据吸收波长的分布对气体种类进行判决，再根据吸收波长的强度变化对气体浓度进行计算。因此，在光吸收气体检测系统中，光谱数据的质量将直接影响气体的检测结果。为此，研究人员根据不同的气体光谱采集方法提出了不同的数据处理方法。

① 光栅式气体光谱探测技术。直接输出为一维光谱曲线，针对这类数据，通用的方法是对光谱曲线进行滤波处理。而常规滤波方法包括平滑滤波[53]、Savitzky-Golay滤波[54]（S-G滤波）、傅里叶分析[55]、小波阈值法[56]、自适应迭代加权惩罚最小二乘法（adaptive iteratively reweighted penalized least squares，AirPLS）[38]等。另外，有研究表明对光谱数据进行微分处理可在一定程度上消除背景对目标光谱的影响[57]，而对光谱进行差分处理可降低大气环境中的瑞利散射和米氏散射等[58]对目标光谱带来的负面影响。

② 干涉式气体光谱探测技术。直接输出为二维干涉图，针对这类数据，通常对原始干涉图进行干扰抑制和误差校正[59, 60]，然后对校正后的干涉图进行光谱反演，得到测试气体的一维光谱曲线，再通过光谱曲线的分布和强度变化对气体的种类和浓度进行分析。实际应用中，干涉图的校正手段包括降噪、基线去除[61]、平坦度校正[62]、切趾[63]、相位校正[64]、波长定标、探测器对准校正[65]等。

综上所述，现有的光吸收气体传感技术，无论是以一维光谱曲线为直接输出，还是以二维干涉图为直接输出，为了实现气体的定性/定量分析都需要准确获取包含气体特定物理意义的光谱数据[66]，即需要准确获得气体的吸收波长和波长对应的光强变化，这与电子鼻的信号处理方法截然不同。

在面向电子鼻的复合光气体传感方法中，对测试气体的定性与定量分析均是通过模式识别算法实现的，而用于模式识别的数据则具有传感数据的综合特征，该特征或许并没有实际的物理意义，只需要将测试数据的综合特征与样本的标签数据进行匹配，即可得到气体的定性/定量判决结果[38]。因此，有效获取光谱数据的综合特征是电子鼻数据处理的关键，也是通过模式识别算法对多类气体判决的前提。而现有的针对光谱分析的数据处理方法大多都不是以电子鼻为应用背景，故它们不适合直接应用于电子鼻的数据处理。所以，在面向电子鼻的复合光气体传感方法中，需要根据传感数据的特点提出新的数据处理方法。

1.2.5 电子鼻信息处理中的模式识别算法研究现状

模式识别算法在电子鼻系统中起着至关重要的作用，它相当于人的大脑中枢，通过对输入数据的分析达到对不同气体定性或定量识别的目的。一般来说，模式识别算法主要包括线性分类和非线性分类两种，其中线性分类算法包括k-最近邻域（k-nearest neighbor，KNN）、欧氏距离-质心（Euclidean distance to centroids，EDC）、相关系数（correlation coefficient，CC）、最小二乘（least square，LS）、主成分分析（principal component analysis，PCA）、偏最小二乘（partial least square，PLS）等；非线性分类算法包括人工神经网络（artificial neural network，ANN）、反向传播人工神经网络（back-propagation artificial neural network，BPANN）、多层感知机（multilayer perceptron，MLP）、概率神经网络（probabilistic neural network，PNN）等。另外一些常用的模式识别算法包括支持向量机（support vector machine，SVM）、最小二乘支持向量机（least squares support vector machine，LSSVM）等。实际应用中，没有哪一种算法在数据的分类结果上具有绝对的优势，需要根据电子鼻的特点和应用环境进行参数优化或算法融合，实现对气体客观、安全的检测，以提升电子鼻的性能。

1.3 研究内容与创新之处

1.3.1 研究内容

由于能够提供较为客观、准确的气体评价，电子鼻被应用于工农业生产、医疗卫生、环境监测等领域，为人们的生活提供了诸多便利。但它的性能与预期还有很大的差距，主要原因：承担电子鼻气体传感任务的传感阵列规模小、响应范围窄、气体检测种类有限；构成电子鼻传感阵列的传感器响应/恢复时间长、易中毒等。为克服电子鼻气体传感阵列的上述缺陷，我们探索将复合光吸收气体传感技术引入电子鼻承担核心的气体传感的任务。但是，在引入过程中还面临着诸多问题，其中，如何建立面向电子鼻的复合光气体传感方法，以获得稳定的能反映气体本质属性的传感数据作为气体定性/定量分析的依据，以及如何对所建气体传感系统进行干扰抑制和优化分析，以增强系统的稳健性，是需要解决的关键问题。围绕以上问题，本书从两种传感方法的论证、传感系统的干扰抑制、光谱探测模块优化三个方面开展论述，具体包含如下4点。

1. 基于光栅光谱技术的电子鼻气体传感方法

首先，根据分子光谱学原理建立气体传感模型，并按照该模型选用成熟的光栅光谱技术作为光谱探测模块构建出光学电子鼻气体传感系统；然后，选择合适的器材构建实验平台（如高功率宽光谱光源EQ99，高反射率、多径长光程积分球气室，微型光栅光谱仪Maya 2000Pro等），并选用不同浓度的待测气体（常见的室内污染气体如NO_2、SO_2、C_6H_6等）对实验平台进行测试；最后，按照电子鼻的信息处理方法对传感数据进行预处理（S-G滤波和主成分分析等）和模式识别，根据新型气体传感方法的阵列规模、传感时间以及测试集的平均识别率来验证本方法的可行性和有效性。

2. 基于空间外差光谱技术的可视化电子鼻气体传感方法

选用成熟的光栅光谱技术作为光谱探测模块，虽然有效改善了电子鼻的传感性能，但该技术受内部结构的限制难以兼具宽光谱和超高光谱分辨率，限制了系统对精细峰状光谱的探测。因此，我们首次将空间外差光谱技术（其光谱分辨率是普通光栅光谱技术的数十倍）引入电子鼻，将其作为光谱探测模块提出基于空间外差光谱技术的电子鼻气体传感方法。首先，根据空间外差光谱技术和分子光谱学原理建立气体传感模型，并利用该模型构建出可视化空间外差光谱电子鼻气体传感系统；然后选用合适的器材构建实验平台，并利用不同浓度NO_2对平台的可行性和有效性进行验证。另外，针对可视化空间外差光谱电子鼻的响应图谱具有多方向、多尺度分布的特点，引入小波包变换（wavelet packet transform，WPT）的图像特征提取方法。首先通过仿真实验获得不同待测气体的响应图谱，然后选用本方法和典型的图像特征提取方法［局部二进制模式（local binary patterns，LBP）和灰度共生矩阵（gray-level co-occurrence matrix，GLCM）］分别获得响应图谱的综合特征，最后对综合特征进行降维和模式识别，根据测试集的平均识别率来验证本方法优越性。

3. 光学电子鼻气体传感系统的干扰抑制方法

针对光学电子鼻气体传感系统在实测环境中受到干扰，即环境温度、气压、杂散光、电子噪声等造成气体与光的吸收作用被弱化，进而影响传感数据质量的问题，我们在分析这些干扰因素和样本特点后，提出基于最小二乘支持向量机的干扰抑制方法。该方法将HITRAN数据库中测试气体的吸收系数作为标准数据，使用最小二乘支持向量机拟合标准数据与测试数据之间由环境温度、气压、杂散光、电子噪声等因素引起的非线性变换；最后根据拟合得到的非线性变换函数从实测数据中获得气体传感数据的最佳估计，即达到干扰抑制的目的。为验证本方法的有效性和优越性，我们分别选用本方法和经典方法对实测传感数据进行分析，并选择归一化相关系数（normalized correlation coeffient，NCC）作为传感系统干扰抑制效果的评价指标，归一化相关系数越大，则干扰抑制效果越好，对应方法的性能越优越。

4. 可视化空间外差光谱电子鼻气体传感系统优化方法

作为可视化空间外差光谱电子鼻气体传感系统中的光谱探测模块，空间外差光谱仪的性能直接决定系统的容错能力和应用前景，而空间外差光谱仪在实际应用中会受某些因素的影响，如杂散光、器件表面污染、探测器光强灵敏度、光栅衍射效率等。因此，我们分别从算法和硬件的角度对可视化空间外差光谱电子鼻气体传感系统进行优化：算法方面，针对系统中由光路调节误差、器件表面污染、杂散光、电子噪声、探测器响应不均匀等造成的干涉图畸变问题，提出一种空间外差光谱技术的干涉图校正方法，并通过对实测干涉图进行校正分析以验证该方法的有效性；硬件方面，考虑到宽光谱空间外差光谱仪在实际应用中受中阶梯光栅衍射效率、探测器光强灵敏度的限制，设计一种交互式宽光谱空间外差光谱电子鼻气体传感方法，该方法通过交替使用两组衍射角相同、刻槽密度不同的中阶梯光栅，在保证宽光谱空间外差光谱仪探测光谱连续性的同时，有效提高中阶梯光栅的临界衍射效率和输出干涉图的衬比度，降低空间外差光谱仪对中阶梯光栅和探测器等硬件设备的要求。

1.3.2 创新之处

基于上述研究内容，我们的主要创新点如下。

① 针对现有电子鼻气体传感阵列存在的阵列规模小、传感器响应/恢复时间长的问题，探索将复合光吸收气体传感技术引入电子鼻，具体提出一种基于光栅光谱技术的电子鼻气体传感方法，使用

该方法不仅有效地获取了稳定的、能够反映气体本质属性的传感数据作为气体定性/定量分析的依据，且该方法的传感时间仅为36s，阵列规模达到1957×1，大大突破了现有电子鼻在传感阵列规模和响应/恢复时间等方面的限制。另外，针对光学电子鼻在实际应用中受环境温度、气压、杂散光、电子噪声等造成的干扰问题，引入最小二乘支持向量机法实现光学电子鼻干扰抑制。与现有方法相比，该方法有效缓解了各种干扰对测试数据的影响，保留了原始数据的波形、相对极值和宽度信息等，且校正后同类气体的传感数据表现出良好的一致性，增强了系统的稳健性。

② 为克服普通光栅光谱技术难以兼具宽光谱与超高光谱分辨率，限制气体传感系统对精细峰状光谱的探测问题，我们首次将空间外差光谱技术引入电子鼻，提出一种基于空间外差光谱技术的可视化电子鼻气体传感方法，测试实验验证了该方法的可行性和有效性。另外，根据该方法传感数据具有多尺度、多方向分布的特点，引入了小波包变换的图像特征提取方法，与经典图像特征提取方法相比，该方法在降低数据处理复杂度的同时，有效提高了气体的分类识别率。

③ 为降低环境噪声、器件表面污染、光路调节误差和设备性能参数对可视化空间外差光谱电子鼻气体传感系统的影响，我们分别提出空间外差光谱技术的干涉图校正方法和交互式宽光谱空间外差光谱电子鼻气体传感方法。前者可有效减少空间外差光谱仪中的相关干扰，得到误差最小的反演光谱；后者可有效利用中阶梯光栅的高衍射光谱，提高输出干涉图的衬比度，降低空间外差光谱仪对光栅和探测器等设备的参数要求。

第2章

基于光栅光谱技术的电子鼻气体传感方法

2.1 引言

由分子光谱学原理可知，复合光作为气体传感媒介具有独特的性质：一种气体可以同时吸收多种波长的光，而波长相等的光也可以被多种气体吸收[66, 67]，即光学传感阵列同时具有广泛响应性和交叉敏感性，这恰恰满足电子鼻对气体传感阵列的要求。另外，在实际应用中，当光源的光谱范围足够宽、光谱探测模块的分辨率足够低时，复合光就可被分解成成千上万个独立的传感单元（光谱分辨单元），这远大于现有电子鼻的传感阵列规模，可实现多种气体同时、在线检测。然而，常规的光吸收气体传感技术存在不同程度的限制，如可调谐半导体激光吸收光谱和腔衰荡光谱虽然具有较高的灵敏度和可靠性，但系统可探测的光谱范围较窄，限制了系统可检测气体的种类；差分吸收光谱能够在较宽的光谱范围内对气体进行检测，但其更适合于检测具有瑞利/米氏散射的气体；傅里叶变换红外光谱虽然同时具有高灵敏度、宽光谱和高分辨率的特性，但它要求设备要有很高的机械控制精度，而且对测试环境的稳定性也有很高的要求，这些要求限制了它们在电子鼻中的应用。鉴于此，本章提出一种基于光栅光谱技术的电子鼻气体传感方法，来论证将复合光吸收气体传感技术引入电子鼻实现气体传感的可行性和有效性。

2.2 光栅光谱气体传感技术理论基础

2.2.1 分子光谱学原理

分子或原子中的电子，总是在某种状态下不停地运动，而每一种状态都具有相应的能量，即属于一定的能级。电子受光、热、电的激发，能量会以光或热的形式释放，这个使电子从一个能级转移到另一个能级的过程，称为跃迁。电子吸收了外来辐射的能量后，会从低能级跃迁到高能级[18, 63]，每一次跃迁都意味着吸收了一定能量的辐射，而辐射谱线的频率（υ）或波长（λ）与跃迁前后两个能级的能量差$\Delta E = E_2 - E_1$满足普朗克条件[68]，即

$$\Delta E = E_2 - E_1 = h\upsilon = \frac{hc}{\lambda} \tag{2.1}$$

式中E表示辐射的光子能量，h为普朗克常数（值为$6.626 \times 10^{-34}\ \mathrm{J \cdot S}$），$\upsilon$为辐射频率，$c$为光速，$\lambda$为波长。

物质分子吸收光谱是由电子的能级跃迁产生的，物质分子内部运动涉及的能级变化比较复杂，所以物质分子的吸收光谱也比较复杂。通常，一个分子的总能量由内在能E_o、平均能E_p、振动能E_v、转动能E_r以及电子运动能E_e组成，即[69]

$$E = E_o + E_p + E_v + E_r + E_e \tag{2.2}$$

式中E_o为分子的固有内能，E_p是连续变化的，即它们的改变并不会产生吸收光谱。所以，一个分子吸收外来辐射后，它的能量变化ΔE是其振动能变化ΔE_v、转动能变化ΔE_r以及电子运动能变化ΔE_e的总和，即

$$\Delta E = \Delta E_v + \Delta E_r + \Delta E_e \tag{2.3}$$

式（2.3）右边三项中，ΔE_e最大，一般在1~10eV。若设ΔE_e为5eV，则由式（2.1）可计算得到辐射谱线的波长：

$$\lambda = \frac{hc}{\Delta E_e} = \frac{6.626\times10^{-34}\times3\times10^{8}}{5\times1.602\times10^{-19}}\mathrm{m} = 248\mathrm{nm} \tag{2.4}$$

由分子内部电子能级的变化而产生的光谱大多分布在紫外区或者可见区。分子的振动能级ΔE_v间隔为ΔE_e的5%～10%，一般在0.05~1eV。若ΔE_v为0.1 eV，则为5eV电子能级间隔的2%。所以，当分子发生电子能级跃迁时，不可避免地要发生振动能级跃迁，此时辐射的不只是一条波长为248nm的谱线，而是一系列谱线，且波长间隔为$248\mathrm{nm}\times2\% = 4.96\mathrm{nm}$[68]。

分子转动能级间隔ΔE_r约为ΔE_v的10%～20%，一般小于0.05eV，也可比10^{-4} eV更小。若设ΔE_r为0.005eV，则为5eV电子能级间隔的0.1%。显然，当分子发生电子能级和振动能级跃迁时，也不可避免地要发生转动能级跃迁。而转动能级跃迁得到的谱线彼此间的波长间隔只有$248\mathrm{nm}\times0.1\% = 0.248\mathrm{nm}$，由于波长间隔太小，所以它们连在一起呈现带状，称为带状光谱。

实际上，一切物质都可以吸收可见光或不可见光，但物质吸收光的程度是不同的，而物质对不同波长的光所表现出的吸收能力差异，被称为物质分子的选择吸收特性。

分子能级与级间能量差ΔE、等效辐射光波、能量变化、吸收光谱类型之间的关系见表2.1。

表2.1　分子能级与级间能量差ΔE、等效辐射光波、能量变化、吸收光谱类型之间的关系[38]

特征能级	级间能量差ΔE	等效辐射光波	能量变化	吸收光谱类型
转动能级	0.005～0.05eV	远红外～太赫兹	E_r	转动光谱
振动能级	0.05～1eV	近红外～中红外	E_v+E_r	振动光谱
电子能级	1～10eV	紫外～可见	$E_v+E_r+E_e$	电子光谱

2.2.2　朗伯－比尔定律

1760年，德国数学家朗伯在研究了物质对光的吸收与物质厚度的关系后指出：如果溶液的浓度一定，则光被物质吸收的程度与它通过的溶液厚度成正比，这就是著名的朗伯定律。其数学表达式为

$$I_{\text{out}}=I_{\text{in}}\cdot \mathrm{e}^{-K_0L} \tag{2.5}$$

式中I_{in}为入射光强度，I_{out}为透射光强度，K_0为比例常数，L为溶液厚度。

1852年，德国物理学家比尔在研究了各种无机盐的水溶液对红光的吸收后指出：如果溶液的厚度一定，则光被物质吸收的程度与它通过的溶液浓度成正比，这就是著名的比尔定律。其数学表达式为

$$I_{\text{out}}=I_{\text{in}}\cdot \mathrm{e}^{-K_1C} \tag{2.6}$$

式中I_{in}为入射光强度，I_{out}为透射光强度，K_1为比例常数，C为溶液的浓度。

若将朗伯定律和比尔定律合并，就形成了经典的光谱学理论基础——朗伯-比尔定律，它可用如下数学公式描述[21]：

$$I_{\text{out}} = I_{\text{in}} \cdot e^{-K_2 CL} \tag{2.7}$$

式中I_{in}为入射光强度，I_{out}为透射光强度，K_2为比例常数，C为溶液浓度，L为系统的有效作用光程。

由文献[21]可知，虽然朗伯-比尔定律是朗伯和比尔等人通过对液体的光吸收现象进行研究形成的一种理论，但该理论不仅适用于液体的光吸收检测，而且也适用于固体、气体乃至溶胶体等物质的光谱特性分析。

2.2.3 光栅光谱气体传感技术

朗伯-比尔定律是利用光吸收气体传感技术对气体进行定性、定量分析的理论依据。本章将探讨如何借助朗伯-比尔定律的基本原理，利用气体分子对光的选择吸收特性实现气体传感，并根据传感信息实现气体的定性、定量分析。简言之，当测试气体被相应辐射能量的光照射后，光充当感应媒介对气体分子产生传感，对外界则表现为相应波长的光的光强减弱。一般来讲，气体浓度越高，光被吸收的现象越明显，相应波长的光的光强减弱越显著。将输入光中光强变化的波长分布作为气体种类的判决依据，而相应波长的光强度变化可作为估计气体浓度的依据。对2.2.2小节描述的朗伯-比尔定律［式（2.7）］进行等效转换，可以得到如下等式[70, 71]：

$$A(\lambda) = \ln\left(\frac{I_{\text{in}}}{I_{\text{out}}}\right) = \alpha(\lambda) \cdot C \cdot L \tag{2.8}$$

式中A表示气体的吸光度，为入射光波长λ的函数，反映了气体的吸光性能随波长的变化情况；I_{in}、I_{out}分别为系统的输入和输出光强，$\alpha(\lambda)$是一个与气体自身特性相关的参数，即在相同温度和压强条件下，不同属性的气体具有不同的吸收系数$\alpha(\lambda)$[72]；而相同属性的气体，不管浓度高低，它们的$\alpha(\lambda)$是相同的；C、L分别表示气体的体积浓度和测试气体与输入光相互作用的有效光程。

光栅光谱气体传感技术是在朗伯-比尔定律的基础上建立的一种气体传感方案，具体描述[70, 71]：对于一个已知系统，气体与光的有效作用光程L为常数，此时气体的吸光度仅与气体的种类和浓度相关，即当气体的体积浓度C为常数时，不同属性的气体因$\alpha(\lambda)$不同而具有不同的$A(\lambda)$，这主要体现在吸光度随波长的分布上；相同属性的气体（$\alpha(\lambda)$相同）在不同体积浓度（C不同）下，对应的$A(\lambda)$也不相同，该差异体现在吸光度的整体幅值上。因此，将上述气体传感技术应用于电子鼻，可根据吸光度随波长变化所表现出的模式对气体种类进行分析，同时根据相同模式下吸光度的整体幅值差异对气体浓度进行检测。

2.3 光学电子鼻实验平台搭建

在面向电子鼻的光栅光谱气体传感技术中，作为传感媒介的复合光光源包含很多频率不同的波长单元，如果选择合适的光谱探测设备对复合光进行拆分，那么每一个分辨单元就可以被看成一个独立的气体传感单元，而原始光源就可被拆分成一个巨大的气体传感阵列（光谱分辨单元的集合）。由分子光谱学原理可知，阵列中每个传感单元同时具有广泛响应性和交叉敏感性，满足电子鼻对其气体传感阵列的要求。按照上述气体传感模型，我们选用微型光栅光谱仪作为光谱探测模块构建光学电子鼻系统，其结构如图2.1所示。

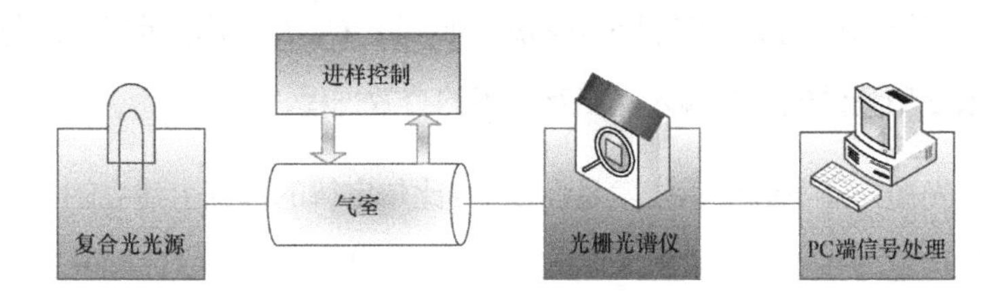

图2.1　光学电子鼻模块示意图

由图2.1可知，光学电子鼻主要包括复合光光源、气室、进样控制、光栅光谱仪以及PC端信号处理等模块。各模块的具体作用如下。

① 复合光光源模块。提供系统运行所需的能量，并作为气体传感媒介，即产生测试气体所需的特征光谱。

② 气室模块。提供输入光与测试气体的作用场所，即电子鼻传感行为的发生场所。

③ 进样控制模块。根据系统的测试需要完成样品的进样和清洗工作，即控制样品的种类和浓度，在测试结束后送入惰性气体对气室进行清洗。

④ 光栅光谱仪。光栅光谱仪的作用有两个：一是对输入光谱进行拆分得到气体传感系统的传感单元并构成气体传感阵列；二是记录测试气体的光谱信息。

⑤ PC端信号处理模块。主要承担响应数据的显示、存储以及各

类数据的处理和分析工作，如数据的噪声去除、漂移抑制、特征提取、模式识别等。

2.3.1 系统设备选型

1. 光源选型

光源选型重要的指标是光谱范围和光源稳定性，目前大多数分析光谱学应用中，为了获得较宽的光谱输入，研究人员需要选用多种类型的灯（钨/卤素灯、氙灯、氘灯）组合使用。这种组合不仅价格昂贵、光学效率低，而且传统的电极驱动式光源寿命短，需要频繁更换灯泡，这显然不利于系统的长时间运行。针对这一问题，美国Energetiq公司研发了一款激光驱动式光源（laser driven light source, LDLS），该光源可同时在深紫外-可见光-近红外波段提供较高的输出光功率，而且使用激光作为驱动可以大大延长光源的使用寿命。几种典型光源的性能参数如表2.2所示。

表2.2 几种典型光源的性能参数

类型	型号	公司	光谱范围	输出功率	光源稳定性	灯泡寿命
氘灯	LSH-D30	卓立汉光	200nm ~ 400nm	30W 电功率	<0.5%	2000h
溴钨灯	LSH-T75	卓立汉光	350nm ~ 2500nm	75W 电功率	<0.5%	2000h
氙灯	SLS401	索雷博	240nm ~ 2400nm	75W 电功率	<0.3%	2000h
LDLS	EQ99	Energetiq 公司	170nm ~ 2100nm	0.5W 光功率	<0.3%	>5000h

由Energetiq公司测试的常见光源的输出光功率分布如图2.2所示（数据来源于EQ99X型光源的Data sheet）。

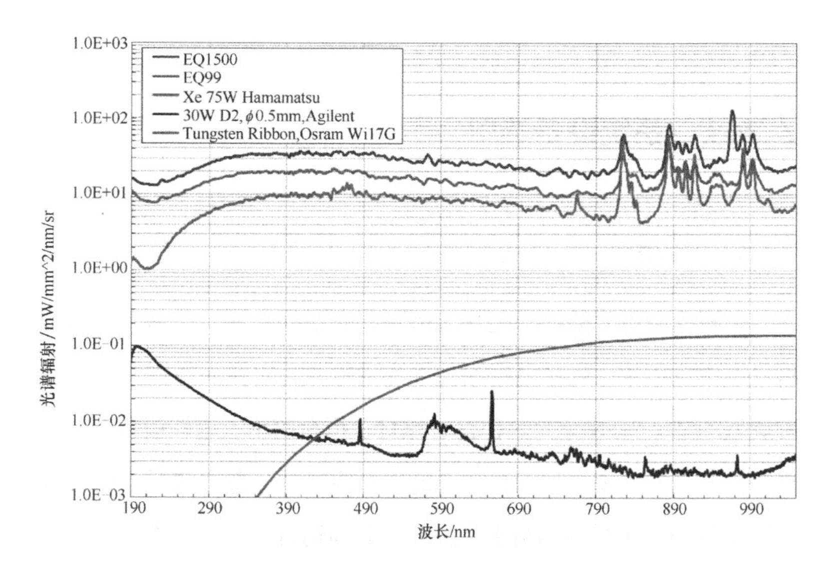

图2.2 典型光源的输出光功率分布

为尽可能扩大光栅光谱电子鼻的气体检测种类和应用范围，我们最终选用EQ99作为系统的测试光源，实物如图2.3所示。

图2.3 EQ99实物图

2. 气室设计

气室是光吸收型气体传感系统中光与气体相互作用的主要场所，气室的结构及性能参数直接影响传感系统的性能。目前，常用的多径长光程气室有White池、Herriott池和积分球等[38, 73]，各自的基本结构如下。

（1）White池。White池[38, 73]由三块曲率半径相同的凹面反射镜组成，光束进入气室后在三块凹面反射镜之间来回反射，然后从另外一侧射出这样的设计可以增加光与气体的作用光程，图2.4展示了光束经过7次反射的情形。实际应用中，可以通过改变光的入射角度以得到不同的反射次数，从而得到不同的作用光程。

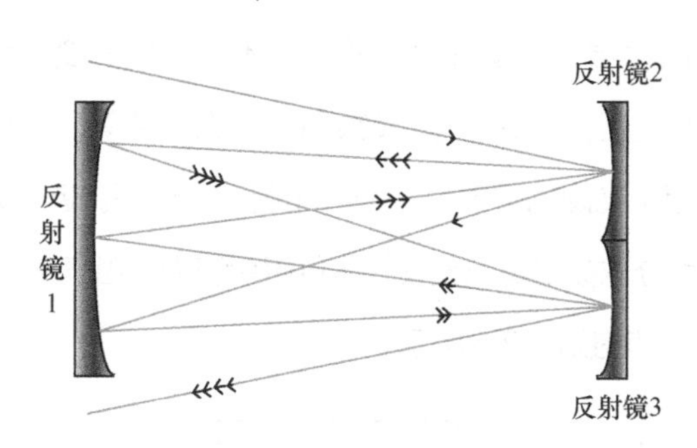

图2.4　光束在White池结构中的7次反射示意

（2）Herriott池。Herriott池[38, 73]由两块相同的凹面反射镜组成，两块凹面镜的距离为f～$2f$（f为凹面镜的焦距），入射光和出射光共用一个开口，光在凹面镜之间来回反射会增加光与气体的作用光程。图2.5展示了光束在气室中反射5次的情形，与White池一样，Herriott池也可以通过改变入射光的角度以得到不同的反射次数，从而得到不同的作用光程。

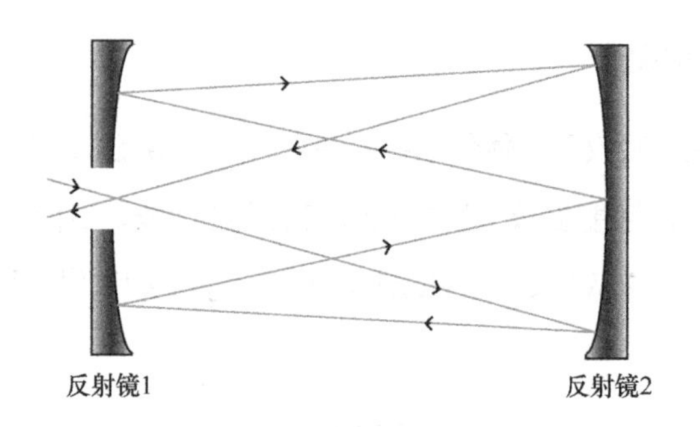

图2.5　光束在Herriott池结构中的5次反射示意

（3）积分球气室。积分球是一种由金属或硬塑料制成的球形空腔，其表面常开有一个或多个小孔，一些作为光线的入口或出口，另一些作为气体的入口或出口[38]。球体的内表面镀有均匀的具有朗伯散射特性的涂层，可使散射后的光强不随方向的变化而变化，常见的涂层材料包括氧化镁、硫酸钡和聚四氟乙稀等。一般来说，积分球常被应用于光源的辐射度、光度和色度测量等。近年来，由于其结构特殊，积分球被用在光吸收气体传感系统中充当气室的角色[73, 74]。积分球的基本结构如图2.6所示。

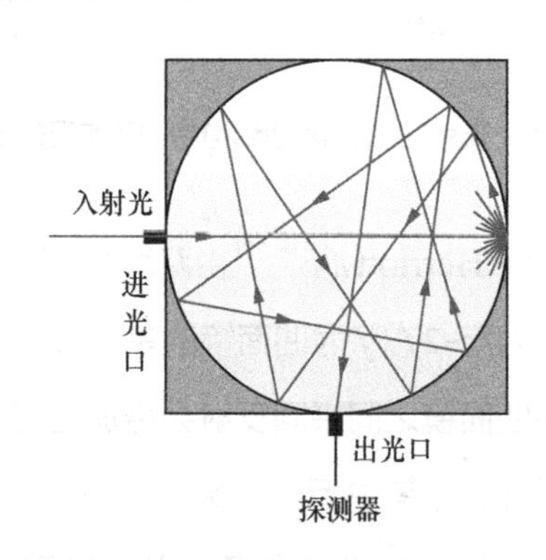

图2.6　积分球的基本结构示意

与常见的White池和Herriott池相比，积分球不仅具有光程长的特点，而且对入射光的角度和单色性没有要求，恰好能够配合EQ99光源使用。但是，由于积分球的常规用途并不是气室，所以我们根据需要自主设计并制作了一款积分球气室（如图2.7所示），主要参数：金属球体的直径为20cm，实用光谱范围为200nm ～ 2000nm，涂层材料为聚四氟乙烯，平均反射率为98%，信号光出入口直径为15mm，气体出入口直径为6mm。另外，为了扩展气室的应用范围，在信号光的出入口均配有可拆卸的SMA905光纤转接头，且在气体出入口安装有手动截止阀和真空压力表（型号：Y-150。量程：–0.1MPa ～ 0.15MPa）等。

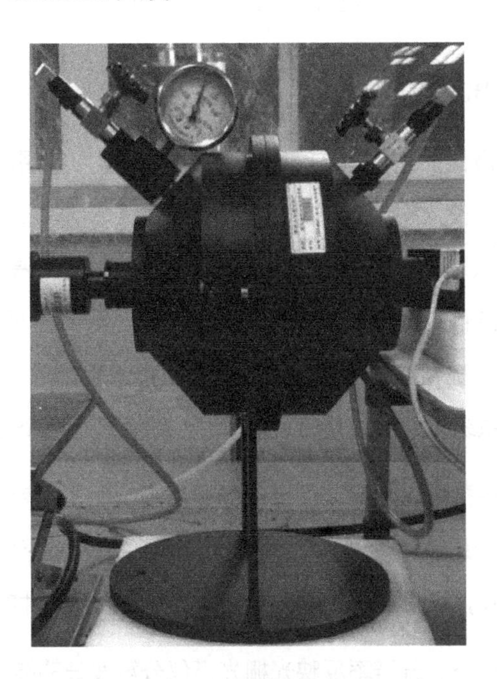

图2.7 自主设计制作的积分球气室

3. 进样控制

进样控制模块的作用是在实验中向气室输入规定剂量的测试气体。目前，常用的进样控制设备包括质量流量控制器（mass flow controller，MFC）和转子流量计等，其中质量流量控制器能自动控制气体流量，即用户根据需求进行流量设定后，它便自动将流量控制在设定值上，即使系统的压力和环境温度发生变化，它也不会使气体流量偏离设定值，具有良好的性能和用户体验[38]；转子流量计是比较常规的流量控制设备，不过在应用中需要手动设置气体流速，该操作往往会产生人为误差，降低进样的准确度。我们根据研究需求选用北京七星华创公司生产的质量流量控制器作为进样控制模块。

4. 光栅光谱仪

光栅光谱仪的核心是内部的衍射光栅。作为常用的色散元件，衍射光栅可以使入射到其表面的光波产生衍射，从而达到对入射光精细分辨的效果。目前，市面上常用的光栅光谱仪都是由多片相同或不同类型的衍射光栅和其他光学元件和软件界面组成的一套集成度高、性能稳定、准确性高、重复性好且能直接将信号光谱以数据形式输出的系统。通常，光栅光谱仪的性能由以下几个方面决定。

（1）光谱范围。光谱范围反映光栅光谱仪所能测量的波长区间。作为一个组合系统，光栅光谱仪的光谱范围不仅取决于衍射光栅的响应光谱范围，还受到透镜组、探测器等其他光学元件的制约。

（2）分辨率。分辨率反映光栅光谱仪分辨波长的能力。理论上，光栅光谱仪的分辨率与光谱范围相互制约，即分辨率越高，其光谱范围越小，反之光谱范围越大。因此，在实际应用中需要在波长分辨率与光谱范围中进行权衡。

（3）灵敏度。灵敏度反映光栅光谱仪所能检测到的最小光通量。光栅光谱仪的灵敏度取决于系统的光通量以及探测器的光强灵敏度。输入光栅的光通量与狭缝密切相关，狭缝越大，光通量越大，反之则越小；探测器的光强灵敏度与其感应材料和电子电路有关。

（4）信噪比。光栅光谱仪的信噪比是指仪器的光信号能量水平与噪声水平的比值，它与探测器性能、电子噪声和杂散光等因素相关。显然，光栅光谱仪的信噪比越高，其测量偏差越小。

（5）探测器。探测器是光栅光谱仪的重要组成部分，它能同时对仪器的光谱范围、灵敏度、分辨率以及信噪比等产生影响。通常，探测器的响应光谱范围受感应材料的限制，如硅基探测器的光谱响应范围为190nm～1100nm，砷镓铟探测器的光谱范围为900nm～2900nm等。

我们根据研究气体的特征光谱范围选用Maya 2000Pro作为光栅光谱仪，其实物如图2.8所示（基本参数见表2.4）。

图2.8　Maya 2000Pro实物图

2.3.2 实验平台搭建

在完成系统所需的设备的选择后，我们开始搭建光学电子鼻的实验平台（如图2.9所示）。

图2.9 光学电子鼻实验平台

实验平台中主要设备的性能参数列于表2.3。

表2.3 光学电子鼻实验平台中主要设备的性能参数

类别	生产商	型号	参数
光源	瞬缈光电	EQ99	光谱范围：190nm ~ 2100nm。总功率：500mW
积分球	沐澜光学	JF-200	直径：200mm。反射率：>98%反射波段：200nm ~ 2000nm
光谱仪	海洋光学	Maya 2000Pro	探测光谱：200nm ~ 1100nm。光学狭缝：50μm 波长分辨：0.41nm ~ 0.48nm
质量流量控制器	七星华创	CS200-C	量程：0 ~ 1 SLM。准确度：±0.35% F.S.。工作压差：0.05 ~ 0.35MPa
真空泵	气海机电	FML 201.5	平均流量：1.1 L/min。真空度：80 kPa
计算机	Dell		CPU：Intel Core i5-2300。内存容量：8GB

2.3.3 系统技术参数

根据实验平台中所用设备的性能参数，可以计算得到光学电子鼻传感系统的技术参数，如表2.4所示。

表2.4 光学电子鼻传感系统的技术参数

类别	参数
波长范围	200nm ~ 1100nm
传感单元尺寸	0.44nm（波长分辨率：0.44nm）
传感阵列规模	1957×1
可检测气体	无机：NO, NH_3, O_3, SO_2, CS_2, NO_2, O_2, H_2O, H_2S等 有机：C_6H_6, C_7H_8, C_8H_{10}, CH_2O等

对表2.4展示的光学电子鼻的技术参数进行分析可知：

① 系统具有较宽的光谱探测范围，适合于研究气体特征吸收谱段在200nm ～ 1100nm范围内的气体；

② 系统传感阵列的规模为1957×1，远大于目前最先进的电子鼻系统的传感单元；

③ 系统可检测的气体种类多，可达几十种，不仅包括无机气体还包括有机气体（见附录A展示的HITRAN数据库提供的在紫外-可见-近红外波段存在吸收的部分气体及对应吸收波段范围）；

④ 光吸收气体传感技术非接触式的气体检测方法，使其可对一些特殊气体（如高温、高湿、高腐蚀性气体）进行检测，避免了普通传感器易中毒的缺陷。

需要特别说明的是，这里搭建的光学电子鼻样机只是一种参考，实际应用中，可以根据研究的需要通过更换光源、光谱仪等设备，将系统的应用范围推广到其他波段（如近红外、中红外乃至远红外波段等），实现更多类型气体的检测。

2.3.4 测试实验

为了检验光学电子鼻的气体传感性能，我们对室内常见的污染气体（NO_2、SO_2、SO_2与NO_2的混合气体以及C_6H_6）进行测试以获得不同气体的响应模式，然后通过模式识别算法对气体的响应模式进行分析以实现气体的定性判决。其中，三类特征波段不同的单一气体（NO_2、SO_2、C_6H_6）可以验证传感阵列的交叉敏感性，而混合气体可以验证传感阵列对具有相似特征波段的气体的差异性响应能力和广谱响应性，测试框架如图2.10所示。

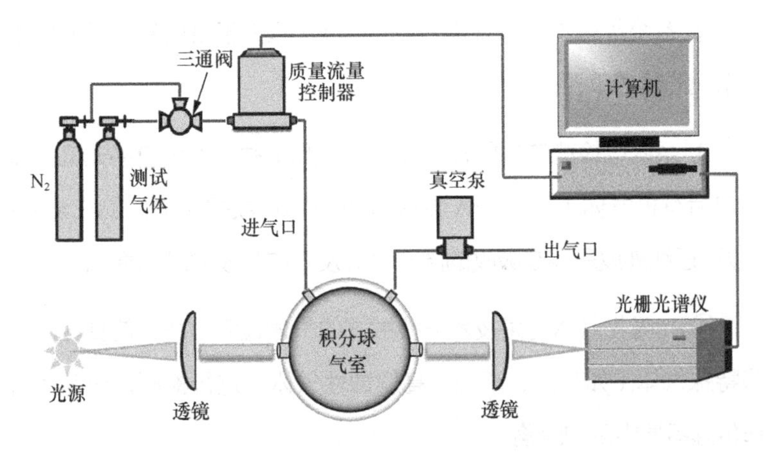

图2.10　光学电子鼻的测试框架

测试实验的详细步骤如下。

① 使用性能稳定的N_2测试实验平台的气密性，同时清洗气室和气路。

② 在光源关闭的情况下，使用光栅光谱仪记录系统背景光谱，记为I_b。

③ 打开光源，待设备稳定工作时记录系统的输入光谱，记为I_{in}。

④ 使用质量流量控制器和真空泵分别向气室中充入待测气体（SO_2、NO_2、SO_2与NO_2的混合气体、C_6H_6）和N_2。

⑤ 待输入光与气体充分作用后，记录下测试气体的吸收光谱I_{out}。

⑥ 使用N_2清洗气室和气路，并关闭设备。

2.4 光学电子鼻实验数据分析

2.4.1 传感数据预处理

1. 背景光谱去除

系统在记录测试气体的输入光谱和吸收光谱时，除了记录气体的有效光谱信息，还记录了杂散光、电子噪声等引入的背景干扰光谱。通常，可直接用输入光谱和吸收光谱减去背景光谱以实现去除背景光谱的目的，即

$$I_{\text{in\_effect}} = I_{\text{in}} - I_{\text{b}}, I_{\text{out\_effect}} = I_{\text{out}} - I_{\text{b}} \tag{2.9}$$

式中$I_{\text{in_effect}}$和$I_{\text{out_effect}}$分别表示输入光谱、吸收光谱去除背景光谱之后的结果。

2. 获取传感数据

将背景光谱去除后的输入光谱和吸收光谱代入式（2.8）即可得到测试气体的传感数据，即

$$A = \ln\left(\frac{I_{\text{in\_effect}}}{I_{\text{out\_effect}}}\right) = \ln\left(\frac{I_{\text{in}} - I_{\text{b}}}{I_{\text{out}} - I_{\text{b}}}\right) \tag{2.10}$$

式中A表示测试气体真实有效的传感数据，将测试气体的响应数据按照上述操作进行处理，得到测试气体的传感数据，如图2.11所示，

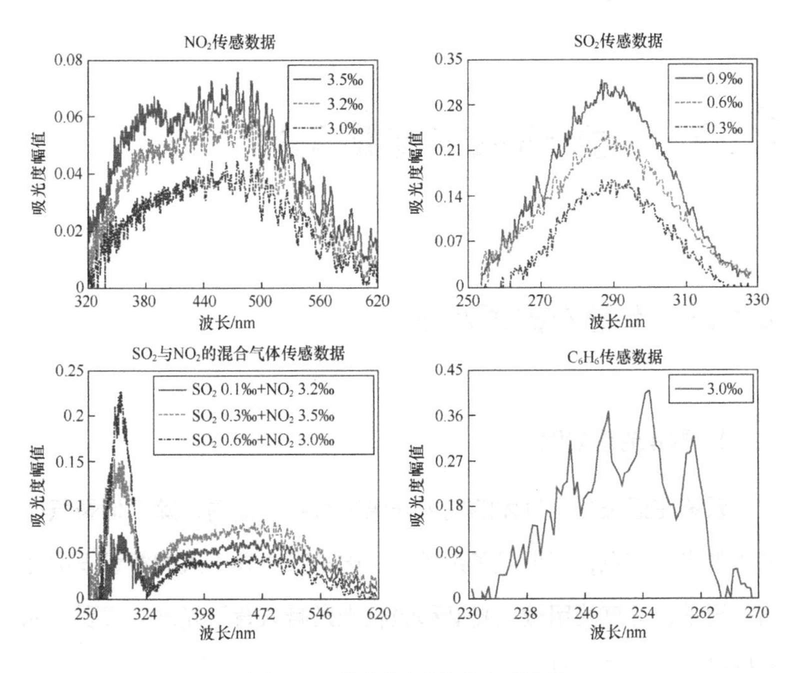

图2.11　不同测试气体的传感数据

对图2.11所示的不同测试气体的传感数据进行分析发现，光学电子鼻气体传感系统具有以下特点：

① 在较宽的光谱范围内对单一气体和特征相似的混合气体都有较好的传感响应；

② 不同测试气体的响应波段不同，且这一差异主要体现在气体的响应波形分布上；

③ 不同浓度测试气体的响应强度存在差异，且这一差异反映在波形的整体幅值上。

上述现象不仅验证了光学电子鼻气体传感系统的广泛响应性和交叉灵敏性，而且表明该系统能够根据不同气体的特征呈现出不同的响应结果，初步验证了光学电子鼻气体传感方法的可行性。

2.4.2 传感数据分析

为了进一步验证光学电子鼻传感数据的有效性，我们选择归一化相关系数[75]作为客观评价参数对传感数据进行分析。归一化相关系数的定义如下。

$$NCC=\frac{\sum_{i=1}^{N}s_i f_i}{\sqrt{\sum_{i=1}^{N}s_i^2}\sqrt{\sum_{i=1}^{N}f_i^2}} \tag{2.11}$$

式中$i=1,2,\cdots,N$，s_i、f_i分别表示参考光谱和对比光谱，N表示传感单元的数目。NCC反映了参考光谱与对比光谱之间的波形差异，值区间为$[-1,1]$，NCC值越接近1，两种波形的相似度越高。

将2.4.1小节中处理后的传感数据代入式（2.11）计算，得到不同传感数据的*NCC*，如表2.5所示。

表2.5 不同传感数据的归一化相关系数对比

类型	归一化相关系数			
	NO_2	SO_2	SO_2+NO_2	C_6H_6
NO_2	1	0.0550	0.7870	0.0592
SO_2	0.0550	1	0.5736	0.0811
SO_2+NO_2	0.7870	0.5736	1	0.0117
C_6H_6	0.0592	0.0811	0.0117	1

对表2.5中的数据进行分析，可以得到如下结论：

① 传感阵列可以在较宽的光谱范围实现气体传感，且不少*NCC*远小于1，而相同气体的*NCC*等于1；

② 尽管NO_2和C_6H_6的响应波段相近，但它们的传感数据仍然能够很好地区分，即*NCC*差异明显（*NCC*=0.0592）；

③ 系统对特征相似的混合气体（如NO_2和SO_2+NO_2混合气体的*NCC*为0.7870，SO_2和SO_2+NO_2混合气体的*NCC*为0.5736）也有很好的差异性传感结果。

上述结论验证了光学电子鼻气体传感阵列具有较好的交叉敏感性和广谱响应性。

2.4.3 与典型半导体气体传感器的性能比较分析

为分析光学传感器的性能，本小节分别选择光学传感器和半导体传感器的传感数据进行对比。其中，光学传感器以SO_2（浓度：0.6‰。波长：300.24nm）的测试为例，其响应过程如图2.12（a）所示；半导体传感器选择TGS2610D传感器，其响应过程如图2.12（b）所示（数据来源于TGS2610D的Data sheet）。

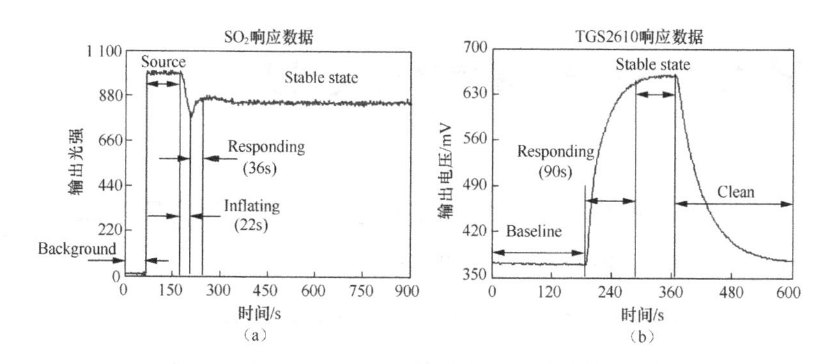

图2.12　光学传感器与半导体传感器响应数据对比

图2.12（a）中，Background为光学传感器的背景光谱，Source为光源光谱，Inflating为SO_2的充气过程，Responding为输入光对SO_2的吸收过程，即光学传感器的响应过程，Stable state为光学传感器的稳定响应过程。

图2.12（b）中Baseline为TGS2610D的基线数据，Responding为TGS2610D的传感过程，Stable state为TGS2610D的稳定响应过程，Clean为系统的清洗过程。

对比图2.12展示的光学传感器和TGS2610D的响应数据发现：虽然两者的传感机理不同，但响应过程几乎相同，在这样的情况下，TGS2610D的响应时间（90s）比光学传感器的响应时间（36s，该时间实际是由于积分球的体积过大、充气时间过长造成的）长。

另外，光学传感器无接触的检测方式使它在实际应用中几乎没有恢复时间，而普通传感器一般都有一个较长的恢复时间，上述结论表明光学传感器在响应/恢复速度方面具有很大的优越性。

2.5 光学电子鼻气体种类判决

电子鼻数据处理的核心思想是通过特征提取和模式识别算法对测试气体进行分析，不需要获得测试气体的具体成分，故我们将采用这样的方法对测试数据进行处理：基本过程包括干扰抑制、归一化、特征提取、降维和分类分析等，其中干扰抑制用于消除传感数据由干扰引起的失真，由于S-G滤波[54]能最大限度地保留原始光谱的相对极值、宽度等信息，因此选择S-G滤波作为传感数据的干扰抑制方法；归一化是将去噪数据限制在[0, 1]，消除数据振幅的差异对系统分析结果的影响；特征提取可以得到有效表达气体模式的特征信息，提高分类分析的效率；降维可以有效降低数据处理的复杂度；分类分析可以实现气体的定性。数据处理过程如图2.13所示。

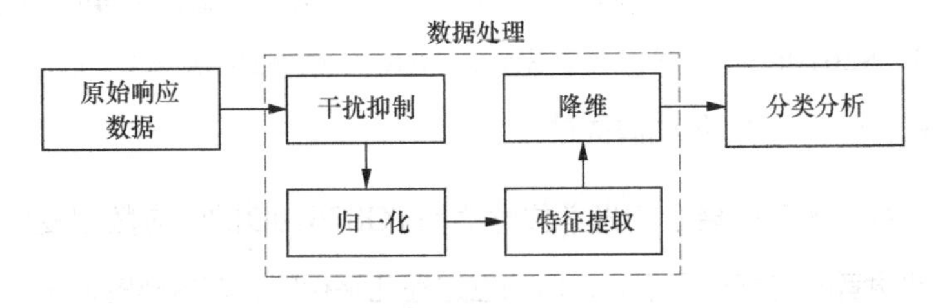

图2.13　光学电子鼻数据处理过程

2.5.1 分类器设计

电子鼻应用的首要任务是准确检测气体，而电子鼻对气体种类的判决是通过模式识别算法实现的。所以，设计性能优越的分类器是电子鼻应用的前提，本小节主要介绍两类常见的分类器设计方案。

1. 基于距离相似性的分类器设计

通过相似性对事物进行判别不需要复杂的计算过程，所以应用起来更为直观。理论上，样本的相似性可以通过计算两个样本特征坐标点之间的空间距离来表示，空间距离越近，样本越相似。实际应用中，根据相似性或邻近性原则，可以将相似的样本或者空间距离相近的样本优先组合在一起。本小节主要介绍两种基于距离相似的分类器设计方法，即相关系数法[76]和欧氏距离-质心法[77]。相关系数和欧氏距离-质心的计算过程极其相似，唯一的区别是，相关系数用来计算两个矢量之间的相关性系数，而欧氏距离-质心用来计算两个矢量之间的欧氏距离。这里以欧氏距离-质心为例进行阐述。

欧氏距离-质心是一种非常直观的分类算法，通过计算某个新样本与已知每个气体类别质心之间的欧氏距离，并将新样本分配到欧氏距离最小的类中，即可实现对新样本的类别判决。[78, 79]具体过程如下。

设$\boldsymbol{X}^k=\{\boldsymbol{x}_1^k, \boldsymbol{x}_2^k, \cdots, \boldsymbol{x}_n^k\}$为第$k$类气体样本的数据集，其中$\boldsymbol{x}_i^k=[x_1^k, x_2^k, \cdots, x_m^k]^{\mathrm{T}}$，$i=1, 2, \cdots, n$；$m$为传感器阵列的维数；$x_j^k$ ($j=1, 2, \cdots, m$)为第j个传感器的输出变量；n为该类气体样本的观测数目；

符号^{T}表示矩阵或矢量的转置。那么，第k类气体样本数据集的质心**centroid**^{k}可以表示为

$$\mathbf{centroid}^k = \frac{1}{n}\sum_{i=1}^{n}\mathbf{x}_i^k \tag{2.12}$$

另外，假设某个新样本矢量为$\boldsymbol{p} = [p_1, p_1, \cdots, p_1]^{\mathrm{T}}$，那么该样本矢量$\boldsymbol{p}$与第$k$类样本集的质心**centroid**^{k}之间的欧氏距离计算表达式为：

$$\begin{aligned} Euclidean\_dist^k &= \left\|\boldsymbol{p} - \mathbf{centroid}^k\right\|_2 \\ &= \sqrt{\sum_{j=1}^{m}(p_j - centroid_j^k)^2} \end{aligned} \tag{2.13}$$

对于一个K类分类问题$k = 1, 2, \cdots, K$，通过比较K个欧氏距离$Euclidean_dist$，确定距离最小的类别号$index$，并将新样本矢量$\boldsymbol{p}$按类别号$index$进行归类。

2. 基于统计学习的分类器设计

（1）支持向量机。支持向量机[80, 81]是在统计学习的基础上发展起来的一种模式识别算法，在解决小样本、非线性及高维模式识别问题上表现出许多神经网络所不具备的优势，并能够推广到函数拟合、分类等机器学习问题的解决中[82]。

支持向量机的基本思想：通过非线性变换将输入空间变换到一个高维空间，然后在这个高维空间求取最优分类面，这种非线性变换是通过定义满足Mercer条件的内积核函数实现的[83]。针对一个二值分类问题，假设数据集中的样本点为

$$\{(\boldsymbol{x}_1, y_1), (\boldsymbol{x}_2, y_2), \cdots, (\boldsymbol{x}_l, y_l)\},\ \boldsymbol{x}_i \in R^n,\ y_i \in (-1, +1) \tag{2.14}$$

非线性分类器采用核函数ϕ将样本空间映射到高维特征空间，并

产生非线性边界。所以将判决函数定义为

$$f(\boldsymbol{x})=\operatorname{sgn}[\boldsymbol{w}^{\mathrm{T}}\phi(\boldsymbol{x})+b],\ \boldsymbol{w}\in\mathbf{R}^{n}, b\in\mathbf{R} \tag{2.15}$$

式中$\boldsymbol{w}$表示正交于超平面的矢量，b为偏置项。经数学推导可将式（2.15）转换为

$$y_i[\boldsymbol{w}^{\mathrm{T}}\phi(\boldsymbol{x}_i)+b]\geqslant 1,\ i=1,2,\cdots,l \tag{2.16}$$

然而，在高维特征空间并不能准确地构造出该分类超平面，因此需要引入一个新的松弛变量，满足

$$y_i[\boldsymbol{w}^{\mathrm{T}}\phi(\boldsymbol{x}_i)+b]\geqslant 1-\xi_i,\ \xi_i\geqslant 0, i=1,2,\cdots,l \tag{2.17}$$

设$d(\boldsymbol{w},b;\boldsymbol{x}_i)$为点$\boldsymbol{x}_i$到超平面（$\boldsymbol{w},b$）的距离，则这个距离可表示为

$$d(\boldsymbol{w},b;\boldsymbol{x}_i)=\frac{\left|\langle\boldsymbol{w},\boldsymbol{x}_i\rangle+b\right|}{\|\boldsymbol{w}\|} \tag{2.18}$$

而最优分类面是通过将边界距最大化实现的，该边界距（*margin*）可以表达为

$$margin_{\boldsymbol{w},b}=\max_{x_i,y_i=-1}d(\boldsymbol{w},b;\boldsymbol{x}_i)+\max_{x_i,y_i=+1}d(\boldsymbol{w},b;\boldsymbol{x}_i)=\frac{2}{\|\boldsymbol{w}\|} \tag{2.19}$$

式中$\boldsymbol{w}$和b是通过求解下列最大化边界$2/\|\boldsymbol{w}\|$和最小化训练误差的优化问题得到

$$\begin{aligned}&\min\psi(\boldsymbol{w},b,\xi)=\frac{1}{2}\boldsymbol{w}^{\mathrm{T}}\boldsymbol{w}+C\cdot\sum_{i=1}^{l}\xi_i\\&s.t.\quad y_i[\boldsymbol{w}^{\mathrm{T}}\phi(x_i)+b]\geqslant 1,\ \ \forall i=1,2,\cdots,l\\&\qquad\ \ \xi_i\geqslant 0,\ \ \forall i=1,2,\cdots,l\end{aligned} \tag{2.20}$$

式中C为惩罚参数，用来对无法分类的某个样本进行适当惩罚。

要求解上述优化问题，需写出该问题的拉格朗日方程：

$$\begin{aligned} L(\boldsymbol{w},b;\boldsymbol{\alpha},\xi) &= \frac{1}{2}\boldsymbol{w}^{\mathrm{T}}\boldsymbol{w} + C\cdot\sum_{i=1}^{l}\xi_i \\ &\quad -\sum_{i=1}^{l}\alpha_i[y_i[\boldsymbol{w}^{\mathrm{T}}\phi(\boldsymbol{x}_i)+b]-1+\xi_i]-\sum_{i=1}^{l}\lambda_i\xi_i \end{aligned} \tag{2.21}$$

根据Karush-Kuhn-Tucker（KKT）条件求得支持向量机最优分类超平面为

$$\boldsymbol{w}^* = \sum_{i=1}^{l} y_i \boldsymbol{\alpha}^* \phi(\boldsymbol{x}_i) \tag{2.22}$$

$$\begin{aligned} b^* &= -\frac{1}{2}\left[\max_{x_i, y_i=-1}\left(\left\langle \boldsymbol{w}^*, \phi(\boldsymbol{x}_i)\right\rangle\right) + \max_{x_i, y_i=+1}\left(\left\langle \boldsymbol{w}^*, \phi(\boldsymbol{x}_i)\right\rangle\right)\right] \\ &= -\frac{1}{2}\left\langle \boldsymbol{w}^*, \boldsymbol{x}_r + \boldsymbol{x}_s\right\rangle \end{aligned} \tag{2.23}$$

式中$\boldsymbol{x}_r$、$\boldsymbol{x}_s$分别表示−1和+1类中的支持向量；$y_i=-1, y_i=+1$；$\alpha_r, \alpha_s > 0$；由于b没有在对偶函数中出现，因此b^*可从原始约束条件中获得。

这说明最靠近超平面的点对应的拉格朗日乘子$\boldsymbol{\alpha}^*$非零，所有其他对应的$\boldsymbol{\alpha}^*$为零。因此，非零拉格朗日乘子$\boldsymbol{\alpha}^*$对应的点即为支持向量，即非零$\boldsymbol{\alpha}^*$对应的约束条件为有效作用的约束。最终，获得的分类器为下列具有高度非线性的决策函数：

$$f(\boldsymbol{x}) = \mathrm{sgn}\left[\sum_{i=1}^{l}\alpha_i y_i \phi(\boldsymbol{x}_i, \boldsymbol{x}) + b\right] \tag{2.24}$$

（2）最小二乘支持向量机。最小二乘支持向量机[83-85]是支持向量机的进化形式。具体来讲，最小二乘支持向量机通过引入松弛变量，将支持向量机中的不等式约束转化为等式约束，并在支持向量机的目标函数中引入松弛变量的平方项。因此，最小二乘支持向量机的计算复杂度较支持向量机大大降低，泛化性能也得到很好改善。最小二乘支持向量机分类与支持向量机分类的不同点在于，最小二

乘支持向量机在支持向量机的优化问题中对目标函数引入了误差平方项即二次损失函数，并给出了等式的约束条件，即

$$\begin{aligned}&\min \psi(\boldsymbol{w},b,\boldsymbol{\varepsilon})=\frac{1}{2}\boldsymbol{w}^{\mathrm{T}}\boldsymbol{w}+\frac{\gamma}{2}\cdot\sum_{i=1}^{l}\varepsilon_i^2\\&s.t.\quad y_i[\boldsymbol{w}^{\mathrm{T}}\phi(\boldsymbol{x}_i)+b]\geqslant 1-\varepsilon_i,\ \forall i=1,2,\cdots,l\end{aligned} \tag{2.25}$$

式中ε_i表示模型对训练样本的预测误差，γ为正则化参数，$\boldsymbol{w}$和b为分类器模型的超参数。

定义拉格朗日方程如下：

$$\begin{aligned}L(\boldsymbol{w},b;\boldsymbol{\alpha},\xi)=&\frac{1}{2}\boldsymbol{w}^{\mathrm{T}}\boldsymbol{w}+\frac{\gamma}{2}\cdot\sum_{i=1}^{l}\varepsilon_i^2\\&-\sum_{i=1}^{l}\alpha_i[y_i[\boldsymbol{w}^{\mathrm{T}}\phi(\boldsymbol{x}_i)+b]-1+\varepsilon_i]\end{aligned} \tag{2.26}$$

式中α_i为拉格朗日乘子，由等式约束条件和KKT（Karush-Kuhn-Tucker）条件可知

$$\alpha_i[y_i[\boldsymbol{w}^{\mathrm{T}}\phi(\boldsymbol{x}_i)+b]-1+\varepsilon_i]=0 \tag{2.27}$$

因此α_i无符号限制（可正可负）。经计算获得最小二乘支持向量机的决策函数为

$$f(\boldsymbol{x})=\mathrm{sgn}\left[\sum_{i=1}^{l}\alpha_i y_i K(\boldsymbol{x}_i,\boldsymbol{x})+b\right] \tag{2.28}$$

式中$K(\boldsymbol{x}_i,\boldsymbol{x})$为满足Mercer条件的非线性核函数。

2.5.2 数据集降维分析

1. 传感数据集

本小节从2.4.1小节获取的传感数据中选择部分数据构成数据

集，具体见表2.6。

表2.6 传感数据集的构成

气体	气体浓度	各浓度样本个数	样本集总数
NO_2	1.0‰ , 1.5‰ , 2.0‰ 3.0‰ , 3.2‰ , 3.5‰	100	600
SO_2	0.1‰ , 0.3‰ , 0.6‰ 0.9‰ , 1.2‰ , 1.5‰	100	600
SO_2+NO_2	0.1‰ +3.2‰ , 0.3‰ +3.5‰ , 0.6‰ +3.0‰	160	480
C_6H_6	3‰	360	360

根据表2.4所示的光学电子鼻传感系统的技术参数可知，该数据集中，NO_2样本集的大小为1957×600，SO_2样本集的大小为1957×600，SO_2与NO_2混合气体样本集的大小为1957×480，C_6H_6样本集的大小为1957×360。

2. 主成分分析法降维

作为降维的典型算法，主成分分析[83, 86]可通过降维处理将多个变量转化为几个主成分（即综合变量），这些主成分能够反映原始变量的大部分信息，且通常表示为原始变量的线性组合，为使这些主成分包含的信息互不重叠，主成分分析要求各主成分互不相关。因此主成分分析可以降低原始变量的相关性，提高样本集的分类精度。

图2.14所示的数据集的主成分分析结果，图中PC-1、PC-2、PC-3分别代表主成分分析的前三个主成分信息，坐标轴反映了各样本的散点分布。

通过三维主成分的散点分布空间可以观察到不同气体样本在整个数据集中的分布情况。首先，主成分分析的前三个主成分累计贡献率为97.12%，即前三个主成分包含了原始数据集的大部分信息；其次，同类气体的样本数据汇聚在一起，而不同类气体的样本数据相对分离，表明同类样本数据具有很好的一致性，为模式识别提供了良好的数据基础。

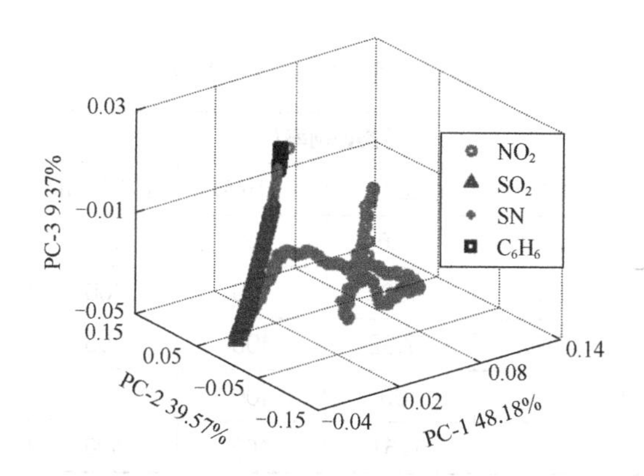

图2.14　数据集的主成分分析结果

2.5.3 气体种类判决

2.5.2小节使用主成分分析法对数据集进行预处理分析，本小节选择用主成分分析法降维后的前22个主成分（累计贡献率>99%）构建新的数据集，并选用KSS（Kennard-Stone sequential）算法[87]对数据集进行分配，其中训练集与测试集的分配比例定为8：2。

我们分别用CC（相关系数）、EDC（欧氏距离-质心）、SVM（支持向量机)、LSSVM(最小二乘支持向量机)算法对上述数据集进行分类处理，经测试得到各算法的最佳参数。

SVM算法中，惩罚因子和松弛变量分别设为100和26，核函数选择径向基函数(radial basis function，RBF)；LSSVM算法中，时间导数设定为10，核函数同样选择RBF。测试集的分类识别率如表2.7所示。

表2.7 测试集的分类识别率

类型	分类识别率/%				平均值/%
	CC	EDC	SVM	LSSVM	
NO_2	79.17	72.5	100	100	87.92
SO_2	100	100	100	100	100
SO_2+NO_2	97.92	97.92	100	100	98.96
C_6H_6	100	100	100	100	100
平均值/%	94.27	92.61	100	100	

分析表2.7中测试集的分类识别率可以发现：我们构建的光学电子鼻气体传感系统不仅具有较宽的光谱探测范围，可实现多种类气体的有效检测，而且对单一气体和存在相似特征的混合气体都有很好的特异性响应能力，除NO_2外，各类气体的平均分类识别率超过96%，验证了该方法的可行性和有效性。

2.5.4 与常规电子鼻的性能比较分析

为了进一步验证基于光栅光谱技术的电子鼻气体传感方法的有

效性和优越性，本小节选择与文献[77, 82, 83]中普遍使用的、以典型气敏传感器为传感单元构建的常规电子鼻进行对比。相关性能指标如表2.8所示。

表2.8　光学电子鼻与常规电子鼻性能指标对比

	常规电子鼻	光学电子鼻
传感器数目	4	1957
传感器类型	金属氧化物半导体传感器（TGS2201A、TGS2201B、TGS2602、TGS2620）	光学传感器
气体检测种类	主要有6种，选择C_6H_6和NO_2测试数据进行对比	几十种，选择C_6H_6和NO_2测试数据进行对比
响应+恢复时间	3min ~ 5min	36s
应用场景	较窄（多为实验室环境）	十分广泛
是否限制气体的属性	是	否
识别率	C_6H_6：87.88%。NO_2：50%	C_6H_6：100%。NO_2：100%

分析表2.8中常规电子鼻和光学电子鼻的性能参数可以得到如下结论：

① 光学电子鼻气体传感系统具有更大的传感阵列规模（1957×1），且可实现几十种无机、有机气体（如NO、NH_3、O_3、C_7H_8、C_8H_{10}、CH_2O等）的检测；

② 金属氧化物传感器的平均响应和恢复时间超过3min，而光学传感器则短得多，光学电子鼻的响应/恢复时间只有36s，快速的响应/恢复时间可实现气体的实时、在线检测；

③ 金属氧化物传感器对气体的性质有很高的要求，即气体必须为常温、干燥、无腐蚀的，而光学电子鼻无接触的检测方式能实现

高温、高湿、高腐蚀性气体的检测，具有更广泛的应用范围；

④ 利用分类器对测试数据进行判决分析，发现光学电子鼻对C_6H_6、SO_2的平均识别率达100%（见表2.7），识别效果优于常规电子鼻。

上述对比一方面验证了光栅光谱气体传感技术的有效性和优越性，另一方面表明将复合光吸收气体传感技术应用于电子鼻具有巨大潜能。

2.6 本章小结

为改善现有电子鼻的气体传感性能，我们根据分子光谱学原理和电子鼻的应用需求提出了一种基于光栅光谱技术的电子鼻气体传感方法。首先建立面向电子鼻的气体传感模型，并利用该模型设计光学电子鼻气体传感系统；然后根据系统的应用场景选择合适的器材搭建实验平台，并选用不同种类、不同浓度的测试气体进行测试。

结果显示：除NO_2外，测试集的平均识别率达到96%以上，验证了将复合光吸收气体传感技术应用于电子鼻承担其气体传感任务的可行性和有效性。另外，面向电子鼻的复合光气体传感方法具有以下优势：传感单元数量庞大，气体响应范围较宽，响应速度快且几乎没有恢复时间，检测采用非接触式等。这些优势可望让基于光栅光谱技术的气体传感方法大大改善电子鼻的气体传感性能。

第3章

基于空间外差光谱技术的可视化电子鼻气体传感方法

3.1 引言

在探索将复合光吸收气体传感技术引入电子鼻的过程中，虽然基于光栅光谱技术的电子鼻气体传感方法已能为电子鼻带来较大的传感阵列规模，也较好地改善了电子鼻的气体传感性能，但由于其光谱分辨率较低，限制了传感系统对精细峰状光谱的探测，进而限制了该方法的应用领域。因此，需要寻找一种具有超高光谱分辨能力的光谱探测技术，来进一步改善电子鼻的气体传感性能。基于此，我们将空间外差光谱技术（其光谱分辨率是普通光栅光谱技术的数十倍）引入电子鼻，作为光谱探测模块构建基于空间外差光谱技术的可视化电子鼻气体传感方法。

空间外差光谱技术[44]是近些年发展起来的一种新型干涉式光谱探测技术，相对于傅里叶变换光谱技术，它没有运动部件且具有超高的光谱分辨率。但受视场角和光栅衍射效率的限制，基本型空间外差光谱技术可检测的光谱范围较窄。宽光谱空间外差光谱技术用中阶梯光栅替代基本型空间外差光谱仪中的平面光栅，在保持超高光谱分辨率的同时借助中阶梯光栅的多级衍射特性实现光谱仪探测光谱的展宽。因此，理论上联合宽光谱空间外差光谱技术和分子光谱学原理构建的气体传感方法不仅可以实现宽光谱信息的超分辨探测，而且超高的光谱分辨率还可以进一步扩展传感阵列的规模，进而获得更加丰富的气体特征信息。另外，宽光谱空间外差光谱技术的直接输出为二维干涉图，而气体的光谱信息隐含于干涉图中，即该系统还可实现气体光谱信息的图谱化呈现。因此，我们将宽光谱空间外差光谱技术引入电子鼻，提出基于空间外差光谱技术的可视化电子鼻气体传感方法，实现对气体的定性与定量感知。

围绕上述目标，我们首先根据宽光谱空间外差光谱技术和分子光谱学原理建立面向电子鼻的气体传感模型，并以此为基础构建基于空间外差光谱技术的可视化电子鼻气体传感系统（简称“可视化空间外差光谱电子鼻”）；然后选择合适的器材搭建实验平台，并选用不同浓度的NO_2进行测试以验证本方法的可行性和有效性；最后针对可视化空间外差光谱电子鼻的响应图谱具有多尺度、多方向分布的特点，引入小波包变换的图像特征提取方法，并通过与经典方法进行对比以验证本方法的优越性。

3.2 空间外差光谱气体传感技术理论基础

3.2.1 空间外差光谱技术

1. 基本型空间外差光谱技术

基本型空间外差光谱技术的基本结构如图3.1所示。

由图3.1可知，空间外差光谱仪主要由三部分组成，即准直系统、干涉仪和成像系统。准直系统的作用是将光源发出的辐射光，经过准直透镜组变成平行光投射到干涉仪中；干涉仪主要由分束器和平面光栅等光学元件组成，其主要作用是将准直后的入射光经过分束器和平面光栅衍射后，形成干涉条纹，其中光栅的作用是将不同波长的光在空间上散开，从而使干涉仪在没有运动设备的情况下产生光程差；成像系统的作用是让干涉条纹在探测器的感应面（CCD）上成像。通过记录的干涉条纹和一定的算法，即可计算出输入光源的光谱信息。

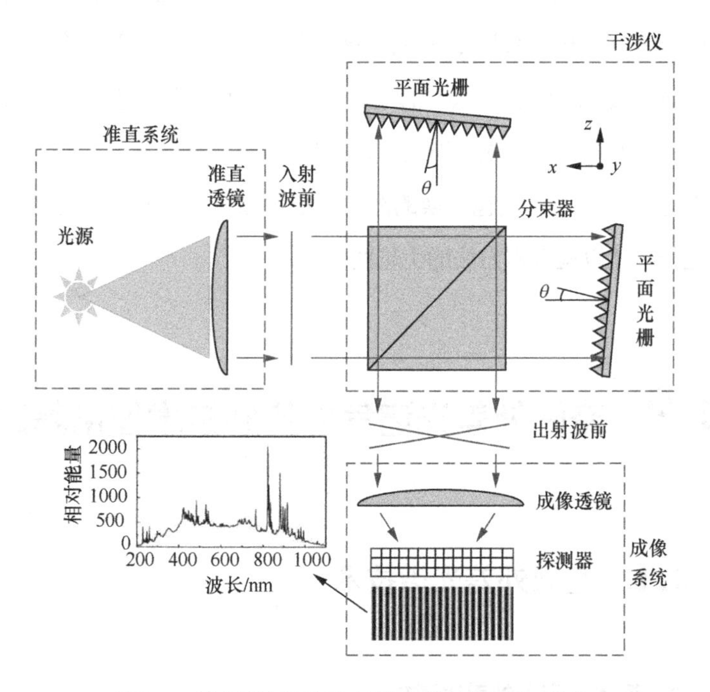

图3.1　基本型空间外差光谱技术的基本结构示意

在图3.1所示的干涉仪中，z轴表示系统的光轴，θ表示衍射光线与光轴的夹角，不同频率的光从平面光栅出射时波面与光轴有一个小的夹角γ，该夹角由光栅方程决定[88]，满足

$$\sigma(\sin\theta+\sin(\theta-\gamma))=\frac{m}{d} \tag{3.1}$$

式中σ为入射光波数，m为光栅衍射级次，$1/d$为光栅刻槽密度。光束中若某一波数为σ_0的光满足Littrow自准直条件，即对应两倍出射波前夹角为零（$2\gamma = 0$），则称该波数σ_0为Littrow波数。其他任意波数σ的光束与Littrow波数σ_0的光束出射角相差角度为γ，两倍光栅出射光波的波面差则为2γ，对式（3.1）中的γ角用泰勒级数展开并取一阶近似，得到波数为σ的两束干涉光的空间频率为

$$f_x = 2\sigma \sin\gamma \approx 4(\sigma - \sigma_0)\tan\theta \tag{3.2}$$

当入射光源的谱密度函数为$B(\sigma)$时，得到的干涉图分布为[44]

$$I(x) = \int_0^{\infty} B(\sigma)(1 + \cos(2\pi(4(\sigma - \sigma_0)\tan\theta \cdot x)))\mathrm{d}\sigma \tag{3.3}$$

式中x表示探测器对光栅平面上入射光色散程度的测量，如果对干涉图进行逆傅里叶变换，就可以得到$\sigma_0 \pm \Delta\sigma$光谱范围内的复原光谱$B(\sigma)$。

2. 宽光谱空间外差光谱技术

宽光谱空间外差光谱技术是在基本型空间外差光谱技术的基础上，用中阶梯光栅（Echelle光栅）替代基本型空间外差光谱技术中的平面衍射光栅（如图3.2所示），借助中阶梯光栅的多级衍射特性实现空间外差光谱技术探测谱段的展宽。由于中阶梯光栅具有多级衍射特性，宽光谱空间外差光谱技术在光轴方向上存在一系列对应于不同衍射级次的Littrow波数$\sum_m \sigma_{0m}$，且每个衍射级次在σ_{0m}附近小的光谱范围内都满足差频干涉的条件[44]。光谱仪总的光谱探测范围为多个小光谱范围的叠加，即可利用多衍射级次的作用效果实现宽光谱范围内目标光谱的探测，达到提高仪器可探测光谱范围和多

种类气体同时检测的目的。

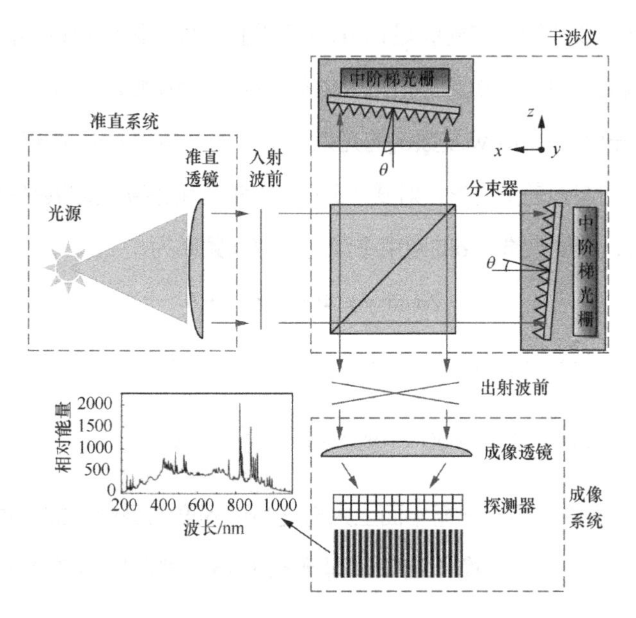

图3.2　宽光谱空间外差光谱技术的结构示意

相对于基本型空间外差光谱技术，宽光谱空间外差光谱技术将原系统中的单Littrow波数σ_0扩展为多Littrow波数$\sum_m \sigma_{0m}$。所以，由式（3.3）推导得到宽光谱空间外差光谱技术的干涉图分布为[44]

$$I(x)=\sum_m \int_0^{\infty} B(\sigma)F_m(\sigma)(1+\cos(2\pi(4(\sigma-\sigma_0)\tan\theta\cdot x)))\mathrm{d}\sigma \quad (3.4)$$

式中m为光栅的衍射级次，σ_{0m}为中阶梯光栅第m级次衍射的Littrow波数，$F_m(\sigma)$为中阶梯光栅第m级次衍射时的衍射效率。

3. 二维宽光谱空间外差光谱技术

上文分析了宽光谱空间外差光谱技术的基本原理，如果对式（3.4）进行逆傅里叶变换，可得到输入信号的光谱信息。然而，该光谱中同时含有输入信号的“真实”光谱信息和“虚影”光谱信息，且同处于x轴上，这样会增加光谱的识别难度，降低系统的性能。因此，一些研究人员提出了二维宽光谱空间外差光谱技术[36, 89, 90]，其结构如图3.3所示。

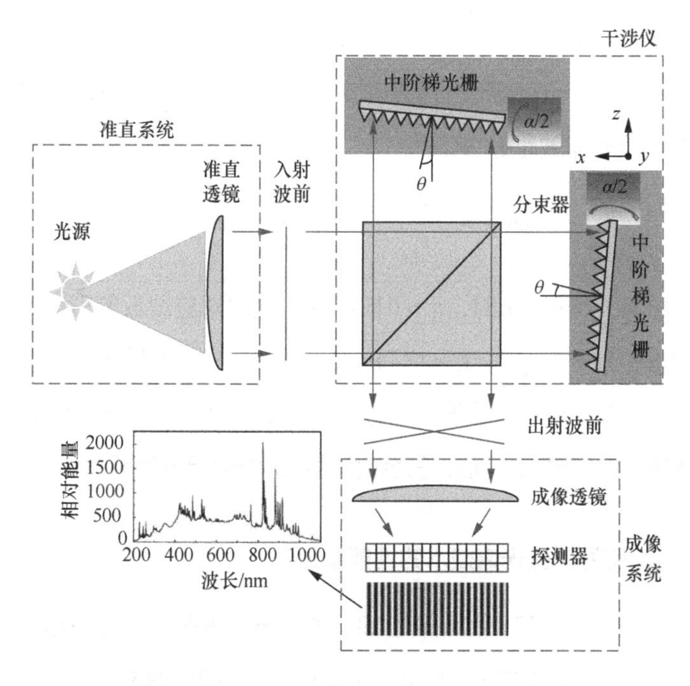

图3.3 二维宽光谱空间外差光谱技术的结构示意

二维宽光谱空间外差光谱技术的基本操作是将系统中的中阶梯光栅分别绕x轴旋转$\alpha/2$，经过这样的旋转处理，干涉仪出口处两臂出射光的波前沿与垂直主截面方向就会形成α的夹角。此时，干涉图的分布为[44]

$$I(x,y)=\sum_m \int_0^\infty B(\sigma)F_m(\sigma)(1+\cos(2\pi(4(\sigma-\sigma_0)\tan\theta\cdot x+\alpha\sigma\cdot y)))\mathrm{d}\sigma \tag{3.5}$$

分析式（3.5）易知，不同衍射级次的入射光谱除了沿色散方向存在差频干涉调制外，还在沿垂直色散方向存在与输入波数相关的干涉调制。对式（3.5）进行二维逆傅立叶变换，可获得级次分离的二维复原光谱。

另外，对比式（3.4）与式（3.5）发现，当$\sigma=\sigma_0$时，干涉条纹平行于x轴，且干涉条纹的空间频率为$f_y=a\sigma$；任意波数的干涉条纹对于x轴的旋转角度为η，定义为

$$\tan\eta=-\frac{f_x}{f_y}，f_x=4(\sigma-\sigma_0)\tan\theta \tag{3.6}$$

显然，当$\sigma>\sigma_0$时，$f_x>0$且$\eta<0$，此时对应波数的干涉条纹向右倾斜；当$\sigma<\sigma_0$时，$f_x<0$且$\eta>0$，此时对应波数的干涉条纹向左倾斜。因此，通过条纹的倾斜方向就可以判断出σ和σ_0的大小，进一步解决一维宽光谱空间外差光谱技术中的波数混淆问题。

4. 空间外差光谱技术的性能参数

（1）分辨极限。宽光谱空间外差光谱技术的光谱分辨极限取决于干涉光沿色散方向干涉图的最大光程差，即由图3.1中沿x轴方向的最大光程差$U_{x\max}$决定，而$U_{x\max}=4x_{\max}\tan\theta$，$x_{\max}=(W\cos\theta)/2$，得到$U_{x\max}=2W\sin\theta$。所以，宽光谱空间外差光谱技术的分辨极限为

$$\delta\sigma=\frac{1}{2U_{x\max}}=\frac{1}{4W\sin\theta} \tag{3.7}$$

式中$U_{x\max}$为系统的最大光程差，W为光栅的有效长度，θ为光栅的衍射角。

（2）分辨能力。宽光谱空间外差光谱技术的分辨能力是由光谱

的最小频率确定，当系统处于最小光谱频率（分辨极限）时，探测器只能接收到一条干涉条纹。此时，系统的分辨能力为

$$R = \frac{\sigma}{\delta\sigma} = 4W\sin\theta \cdot \sigma \tag{3.8}$$

（3）光谱范围。对中阶梯光栅的衍射效率进行分析得到光栅每一衍射级次的有效光谱范围为$2\sigma_{01}$，而使相邻衍射级次的衍射光谱不发生重叠的最佳光谱范围为σ_{01}。在该条件下计算得到宽光谱空间外差光谱技术的光谱范围为

$$\Delta\sigma = \sum\nolimits_m (\sigma_{0m} \pm \sigma_{01}/2) \tag{3.9}$$

当m的值从1取到几百时，宽光谱空间外差光谱技术的光谱探测范围可以覆盖紫外到红外波段。

（4）探测器像元个数。实际应用中，对连续宽光谱空间外差光谱技术而言，系统的光谱范围必须不大于探测器像元个数所能探测的光谱范围。即若探测器在x轴上的像元个数为N_x，则由像元个数所确定的光谱范围为[91, 92]

$$\Delta\sigma_N = N_x \cdot \delta\sigma \tag{3.10}$$

而系统发生任何级次衍射的光谱范围为$\Delta\sigma = 2\sigma_{01}$，由$\Delta\sigma \leqslant \Delta\sigma_N$得到$x$方向上探测器像元个数满足[91, 92]

$$N_x \geqslant \frac{2\sigma_{01}}{\delta\sigma} \tag{3.11}$$

同理，在y轴方向（垂直色散方向），系统的分辨率必须足够高，使相邻衍射级次之间至少存在一个像元间隔。那么，如果系统的最大衍射级次为$m_{\max}$，计算得到y方向上探测器像元个数满足[91, 92]

$$N_y \geqslant 4 \cdot m_{max} \tag{3.12}$$

另外，要使相邻衍射级次之间至少存在一个像元间隔，就要让中阶梯光栅的旋转角度α满足[91, 88]

$$\alpha \geqslant \frac{2}{W_y \cdot \sigma_{01}} \tag{3.13}$$

式中W_y表示光栅在y方向上的有效尺寸。

3.2.2 空间外差光谱气体传感技术

将宽光谱空间外差光谱技术引入电子鼻建立空间外差光谱气体传感方法的基本思路[38, 93, 94]：当待测气体被相应辐射的光照射后，光充当传感媒介对气体分子产生响应，对外界表现为相应波长的光的光强减弱。将上述带有气体特征的光准直后输入二维宽光谱空间外差光谱仪，并使用CCD在输出端采集该特征光谱的响应干涉图，该干涉图即包含了待测气体所有的光谱信息。通过分析干涉图的条纹结构、条纹方向和条纹周期可对气体种类进行判决，分析干涉图的整体强度变化可对气体浓度进行检测[93, 94]。另外，根据空间外差光谱技术的基本原理，若将CCD的每一个像元看作一个独立的传感单元，那么整个CCD便将构成一个超大的传感阵列。其中，阵列中每个传感单元不仅对气体的传感表现为光强的变化，而且还同时具有广泛响应性和交叉敏感性，满足电子鼻对传感系统的要求[93, 94]。空间外差光谱气体传感技术的数学模型如下。

由朗伯-比尔定律得到待测气体的吸收光谱为

$$B_{\text{out}}(\sigma) = B_{\text{in}}(\sigma) \cdot \mathrm{e}^{-\alpha(\sigma)CL} \tag{3.14}$$

式中$B_{\text{in}}(\sigma)$、$B_{\text{out}}(\sigma)$分别表示系统的输入光谱和吸收光谱；$\alpha(\sigma)$为气体的吸收系数；C、L分别表示气体的体积浓度和有效作用光程。若将待测气体送入二维宽光谱空间外差光谱仪，并令$f_x = 4(\sigma - \sigma_0)\tan\theta$, $f_y = a\sigma$，得到二维宽光谱空间外差光谱仪的响应干涉图分布如下[93]。

$$I_{\text{in}}(x,y) = \sum_m \int_0^{\infty} B_{\text{in}}(\sigma) F_m(\sigma)(1 + \cos(2\pi(f_x \cdot x + f_y \cdot y)))\mathrm{d}\sigma \tag{3.15}$$

$$I_{\text{out}}(x,y) = \sum_m \int_0^{\infty} B_{\text{out}}(\sigma) F_m(\sigma)(1 + \cos(2\pi(f_x \cdot x + f_y \cdot y)))\mathrm{d}\sigma \tag{3.16}$$

将式（3.14）代入式（3.16）得到吸收光谱响应干涉图的新表达式为

$$I_{\text{out}}(x,y) = \sum_m \int_0^{\infty} B_{\text{in}}(\sigma) \mathrm{e}^{-\alpha(\sigma)CL} F_m(\sigma)(1 + \cos(2\pi(f_x \cdot x + f_y \cdot y)))\mathrm{d}\sigma \tag{3.17}$$

对比式（3.15）与（3.17）可以发现：当气室中无待测气体时，响应干涉图为输入光谱$B_{\text{in}}(\sigma)$傅里叶变换的结果；而当气室中充入待测气体时，响应干涉图为吸收光谱$B_{\text{in}}(\sigma)\mathrm{e}^{-\alpha(\sigma)CL}$傅里叶变换的结果。定义待测气体的透射比图谱为

$$\begin{aligned} T(x,y) &= \frac{I_{\text{out}}(x,y)}{I_{\text{in}}(x,y)} \\ &= \frac{\sum_m \int_0^{\infty} B_{\text{in}}(\sigma) \mathrm{e}^{-\alpha(\sigma)CL} F_m(\sigma)(1 + \cos(2\pi(f_x \cdot x + f_y \cdot y)))\mathrm{d}\sigma}{\sum_m \int_0^{\infty} B_{\text{in}}(\sigma) F_m(\sigma)(1 + \cos(2\pi(f_x \cdot x + f_y \cdot y)))\mathrm{d}\sigma} \end{aligned} \tag{3.18}$$

令$G(\sigma,x,y) = B_{\text{in}}(\sigma) F_m(\sigma)(1 + \cos(2\pi(f_x \cdot x + f_y \cdot y)))$得到式（3.18）

的简化形式[93]：

$$T(x,y)=\frac{I_{out}(x,y)}{I_{in}(x,y)}=\frac{\sum_m\int_0^\infty G(\sigma,x,y)\mathrm{e}^{-\alpha(\sigma)CL}\mathrm{d}\sigma}{\sum_m\int_0^\infty G(\sigma,x,y)\mathrm{d}\sigma} \qquad (3.19)$$

式中$T(x,y)$为像元位置的函数，反映了待测气体的特征信息，$\alpha(\sigma)$是一个与气体自身特性相关的参数，在相同条件下，不同种类的气体具有不同的$\alpha(\sigma)$参数；C为气体的体积浓度，L则为光与气体的有效作用光程。

分析式（3.19）可得到如下结论：对于一个已知系统（L为常数），待测气体的透射比图谱只与气体的种类和浓度有关。当气体浓度C为常数时，不同种类的气体由于$\alpha(\sigma)$的不同会生成不同的$T(x,y)$，差异体现在透射比图谱的条纹结构、条纹方向和条纹周期上，该性质可作为气体种类的判决依据；当气体浓度C不同时，同类（$\alpha(\sigma)$相同）气体透射比图谱的差异体现在图谱的整体幅值上，该性质可作为气体浓度的判决依据。

由此可见，理论上将$T(x,y)$作为气体的传感阵列应用于电子鼻是可行的，而且在这种情况下，$T(x,y)$的每一个像元充当了一个虚拟的传感器，那么透射比图谱中大量的像元显然增大了现有电子鼻的传感阵列规模。

3.2.3 可视化空间外差光谱电子鼻

为验证面向电子鼻的空间外差光谱气体传感技术的可行性和有

效性，这里介绍根据上述模型构建的可视化空间外差光谱电子鼻，其结构如图3.4所示。

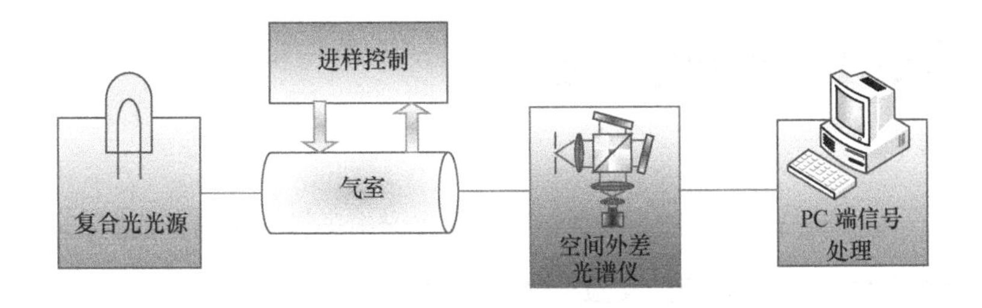

图3.4　可视化空间外差光谱电子鼻结构示意

由图3.4可知，可视化空间外差光谱电子鼻主要由复合光光源、气室、进样控制、空间外差光谱仪及PC端信号处理等模块组成。其中复合光光源提供气体的传感媒介，产生气体传感所需的特征波长；气室是气体传感反应的场所，即提供光源与气体的作用空间；进样控制模块则可以按需求完成气体样品的进气以及气室的清洗工作；空间外差光谱仪首先完成输入光谱的精细分辨，然后记录测试气体的响应干涉图；PC端信号处理模块完成各类待测气体传感数据的特征提取和模式识别操作等。

3.3 可视化空间外差光谱电子鼻平台构建与实验

3.2节从理论上建立了空间外差光谱气体传感技术的数学模型，并论证了将该模型应用于电子鼻实现气体传感的可行性。本节将从实验的角度对这一模型进行初步验证，接下来具体阐述[93]。

3.3.1 实验平台搭建

根据图3.4描述的可视化空间外差光谱电子鼻的结构，我们在实验室环境下搭建相应的实验平台如图3.5所示。

图中AF（attenuation film）为衰光片，BS（beam splitter）为分光棱镜，AS（aperture slot）为光阑，VP（vacuum pump）为真空泵。

平台中主要设备的技术参数：光源S1的中心波长532nm，输出功率100mW；光源S2的中心波长632.8nm，输出功率2mW；分光棱镜的波长范围为450nm～650nm，棱长25mm；气室光程200mm，直径25mm；中阶梯光栅的闪耀角63°，光谱范围为200nm～57μm。

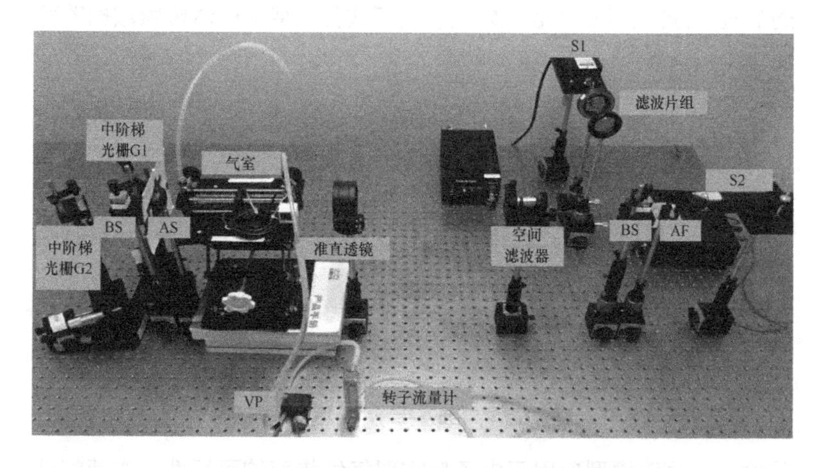

图3.5　可视化空间外差光谱电子鼻实验平台

由上述参数计算得到可视化空间外差光谱电子鼻的光谱范围为450nm ~ 650nm，分辨率为0.0355mm^{-1}，该分辨率远高于普通光栅光谱仪的分辨率。

3.3.2 测试实验

对这个实验平台进行测试的详细步骤如下。需要说明的是，如无特别声明，本书中的气体浓度均用体积百分比表示。

① 打开光源S1，准直后输入二维宽光谱空间外差光谱仪，采集得到S1的输出干涉图如图3.6（a）所示。

② 关闭光源S1，打开光源S2，准直后输入二维宽光谱空间外差光谱仪，采集得到S2的输出干涉图如图3.6（b）所示。

③ 打开光源S1，使用真空泵和转子流量计分别向气室中充入N_2，浓度分别为0.6%、0.8%、1.0%的NO_2，采集相应输出干涉图如图3.7所示。

④ 同时打开光源S1和S2，使用真空泵和转子流量计分别向气室中充入N_2，浓度分别为0.6%、0.8%、1.0%的NO_2，采集相应输出干涉图如图3.8所示。

⑤ 按照文献[92]描述的空间外差光谱技术的干涉图校正方案对上述干涉图进行处理，图3.6 ~图3.8所示的干涉图均为校正处理之后的结果。

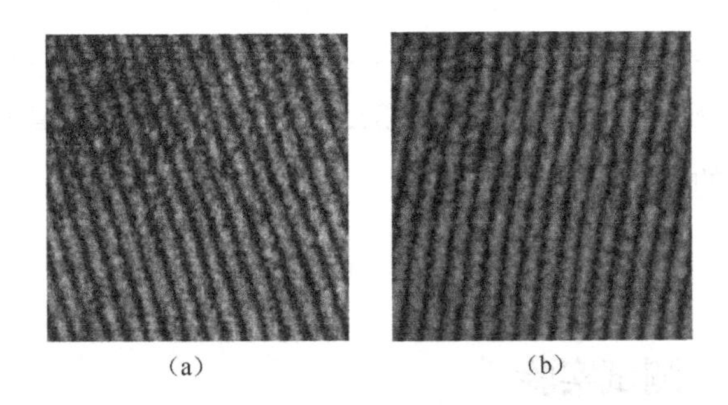

图3.6 不同输入光源的干涉图

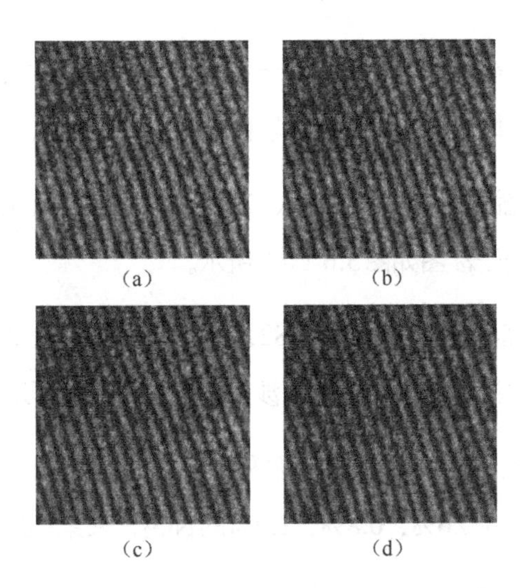

图3.7 光源S1对应N_2与不同浓度NO_2的干涉图

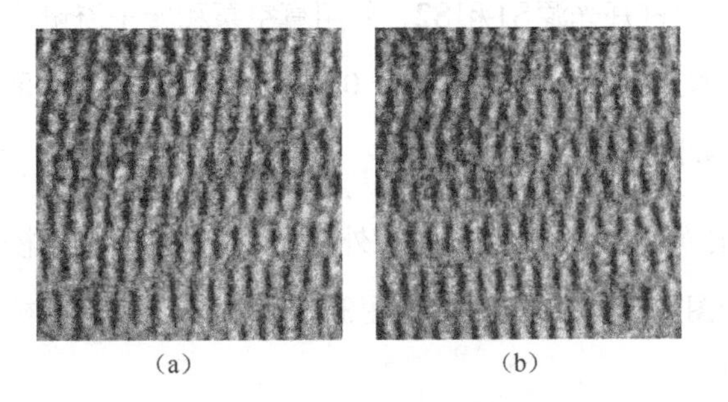

图3.8 S1、S2混合光对应N_2与不同浓度NO_2的干涉图

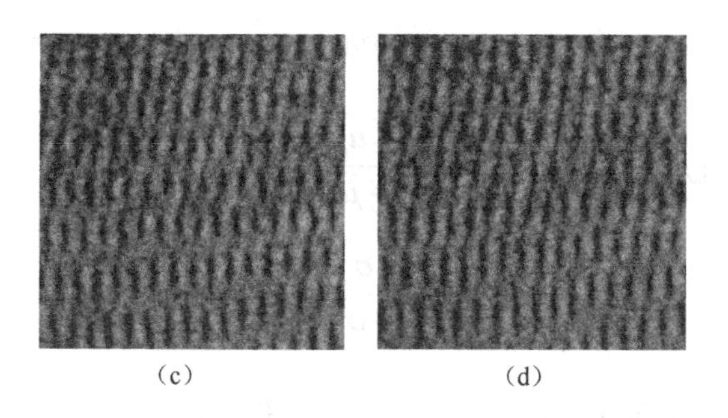

（c）　　（d）

图3.8　S1、S2混合光对应N_2与不同浓度NO_2的干涉图（续）

3.3.3 数据分析

1. 不同光源输出干涉图分析

为了对比不同输入光源输出干涉图的差异，本小节选择相关系数和结构相似性指数度量（structure similarity index measure，SSIM）对上述干涉图进行分析，两者的定义分别如下。

（1）相关系数。作为一种统计指标，相关系数可反映变量之间的密切程度，定义为[95]

$$CC=\frac{n\sum xy-\sum x\sum y}{\sqrt{n\sum x^2-(\sum x)^2}\sqrt{n\sum y^2-(\sum y)^2}} \tag{3.20}$$

式中x、y为变量，n为变量的个数。理论上CC的值范围为[−1, 1]，但对图像处理而言，CC的值范围为[0, 1]，且CC越接近于1，表明两幅图像越相似。

（2）结构相似性指数度量。结构相似性指数度量分别从亮度、对比度、结构三个方面对图像的相似性进行对比。定义如下[96]：

$$SSIM[f(x,y),g(x,y)]=\left|l\frac{2\mu_f\mu_g+C_1}{\mu_f^2+\mu_g^2+C_1}\right|^{\alpha}\cdot\left|c\frac{2\sigma_f\sigma_g+C_2}{\sigma_f^2+\sigma_g^2+C_2}\right|^{\beta}\cdot\left|s\frac{2\sigma_{fg}+C_3}{\sigma_f\sigma+C_3}\right|^{\gamma} \tag{3.21}$$

式中$f(x,y)$、$g(x,y)$分别表示两幅待对比图像，右侧三项依次为亮度、对比度和结构的比较关系。α、β、γ均为正值，分别用于调整亮度、对比度和结构的重要程度。μ_f表示图像$f(x,y)$的均值，μ_g表示图像$g(x,y)$的均值，σ_f^2表示图像$f(x,y)$的方差，σ_g^2表示图像$g(x,y)$的方差，σ_{fg}表示图像$f(x,y)$和$g(x,y)$的协方差。C_1、C_2、C_3为调节参数，l、c、s分别为亮度、对比度和结构的权重调节参数。理论上$SSIM$的值范围为[0, 1]，且$SSIM$的值越大，表明两幅图像越相似。

由上述参数计算图3.6所示的不同输入光源（S1、S2）对应干涉图的相关参数如表3.1所示。

表3.1　不同光源对应干涉图的*CC*和*SSIM*

类型	*CC*		*SSIM*	
	S1	S2	S1	S2
S1	1	0.0087	1	0.9832
S2	0.0087	1	0.9832	1

观察表3.1中的数据可以发现：不同光源输出干涉图的相关系数远小于1，结构相似性指数度量同样小于1。该结果表明对实验平台而言，不同输入光谱对应输出干涉图存在明显的差异。由分子光谱学原理可知，在利用不同波段的光源对不同气体进行检测时，该现象可作为电子鼻对气体种类的判决依据。

2. 不同浓度测试气体输出干涉图分析

为了分析不同浓度NO_2输出干涉图的差异，我们选择灰度值之和和对比度对气体的吸收情况进行评价。其中灰度值之和和对比度均用来表征输出干涉图的整体振幅变化：其值越大，表明气体的吸收越不明显；反之则表明气体的吸收越明显。计算图3.7所示的不同浓度NO_2响应干涉图的灰度值之和和对比度可以得到表3.2所示的结果。

表3.2　光源S1对应N_2和不同浓度NO_2输出干涉图的相关计算结果[94]

类型	N_2	浓度为0.6%的NO_2	浓度为0.8%的NO_2	浓度为1.0%的NO_2
灰度值之和	3.8×10^7	3.3×10^7	2.8×10^7	2.5×10^7
对比度	3.858	3.6441	3.5896	3.5538

分析表3.2中的数据可以发现：随着气体浓度的提高，输出干涉图的灰度值之和和对比度明显降低，表明NO_2对输入光谱存在明显的选择性吸收，且浓度越高吸收效果越明显，该现象可作为电子鼻对气体浓度的检测依据。

为进一步分析可视化空间外差光谱电子鼻的性能，实验选择光源S1与S2组成的混合光源对不同浓度NO_2进行测试，对应输出干涉图（如图3.8所示）的灰度值之和和对比度如表3.3所示。

表3.3　S1和S2混合光源对应N_2和不同浓度NO_2输出干涉图的相关计算结果[94]

类型	N_2	浓度为0.6%的NO_2	浓度为0.8%的NO_2	浓度为1.0%的NO_2
灰度值之和	4.65×10^7	4.30×10^7	4.19×10^7	4.13×10^7
对比度	3.9944	4.0694	4.2841	4.4293

分析表3.3中的数据可以发现：随着气体浓度的提高，输出干涉图的灰度值之和明显降低，这一结果表明NO_2对输入光谱存在选择吸收性；但是，输出干涉图的对比度却呈上升趋势，主要原因是在双光源系统中，光源S1的输出光波为NO_2的强吸收波段，而S2为NO_2的非吸收波段（弱吸收波段）。因此在气体浓度增加的过程中，S1对应干涉图的对比度明显降低，而S2对应干涉图的对比度几乎不变，结果使系统输出干涉图的对比度增加。上述对不同浓度NO_2的测试实验验证了可视化空间外差光谱电子鼻对待测气体的响应灵敏性比较高，同时验证了空间外差光谱气体传感方法的广谱响应性和交叉敏感性。

3.3.4 小结

我们通过实验对空间外差光谱气体传感方法应用于电子鼻的可行性进行了初步测试。结果表明：系统对不同输入光源采集的干涉图存在明显的结构差异，由分子光谱学原理可知，该性质可作为气体种类的判断依据；同时，系统采集的相同种类、不同浓度待测气体输出干涉图的结构相同，而不同浓度待测气体输出干涉图的整体幅值差异明显，这一特性可作为气体浓度的判决依据。

上述结论与空间外差光谱气体传感方法的理论一致，验证了将空间外差光谱气体传感方法引入电子鼻承担气体传感任务的可行性和有效性。

3.4 可视化空间外差光谱电子鼻的特征提取

我们通过实验验证了可视化空间外差光谱电子鼻的可行性和有效性，按照电子鼻的信息处理思路，还需要采用降噪、归一化、特征提取、降维等数据分析方法对传感数据进行处理（如图3.9所示）。

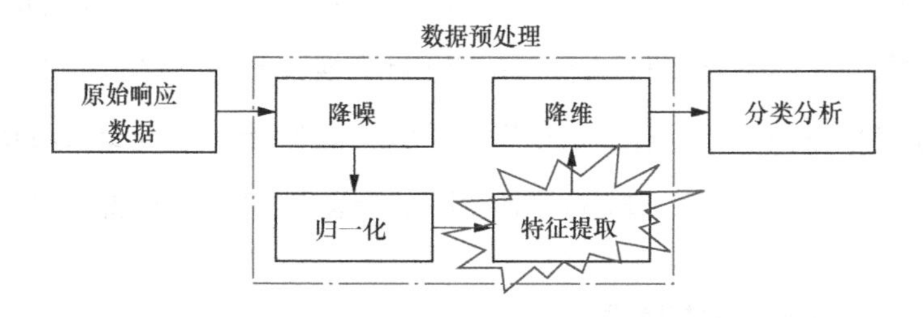

图3.9 可视化空间外差光谱电子鼻数据处理框架

分析空间外差光谱气体传感技术的理论模型（式3.19）发现：可视化空间外差光谱电子鼻获取的传感数据为灰度图谱，且一般情况下该图谱具有较大的数据量，如果直接将灰度图谱作为模式识别的输入会大大增加系统的计算复杂度。因此，我们提出将图像特征提取方法应用到可视化空间外差光谱电子鼻的传感数据处理中，获取响应图谱的综合特征作为模式识别的输入，以降低系统传感数据的处理复杂度，提高系统的应用效率。

3.4.1 常规的的图像特征提取方法

由图3.9可知，特征提取直接决定着电子鼻的预测精度和稳健性，因此选择合适的特征提取方法是可视化空间外差光谱电子鼻数据处理的核心。目前，常见的图像特征提取方法包括统计类、模型类、信号处理类及结构类等，其中统计类方法包括灰度共生矩阵[97]、自相关函数等；模型类方法包括马尔可夫随机场模型、吉布斯随机场模型等；信号处理类方法包括傅里叶变换、小波变换等；结构类方法包括局部二进制模式[98]、局部三进制模式（local ternary pattern，LTP）等。本小节先介绍两种典型的图像特征提取方法。

1. 局部二进制模式

局部二进制模式通过比较图像中每个像素点与其邻域内其他像素点的灰度值大小，以邻域的局部信息构造纹理基元，然后将该纹理基元通过一个二进制数来量化纹理的局部结构特征。这些纹理基元在整幅图像空间分布上的规律性就构成了一定的全局纹理，最后统计图像中的纹理基元并归一化就可以得到描述图像信息的纹理特征向量[99]。

假设一幅灰度图像为I，对于其中某个像素灰度值为g_c，可以通过比较g_c及其邻域像素灰度值的大小得到LBP，具体计算如下[98]。

$$
\begin{aligned}
LBP_{P,R} &= \sum_{i=1}^{P} 2^{i-1} \times f_{LBP}(g_l - g_c) \\
f_{LBP}(x) &= \begin{cases} 1, & x \geqslant 0 \\ 0, & \text{else} \end{cases}
\end{aligned}
\tag{3.22}
$$

式中，g_c为中心像素的灰度值，g_i是g_c的第i个邻域像素值，P是邻域像素数目，R是与邻域比较的半径大小。其中，最常用的LBP算子为3×3窗口，8邻域像素，图3.10所示为LBP的一个计算实例。

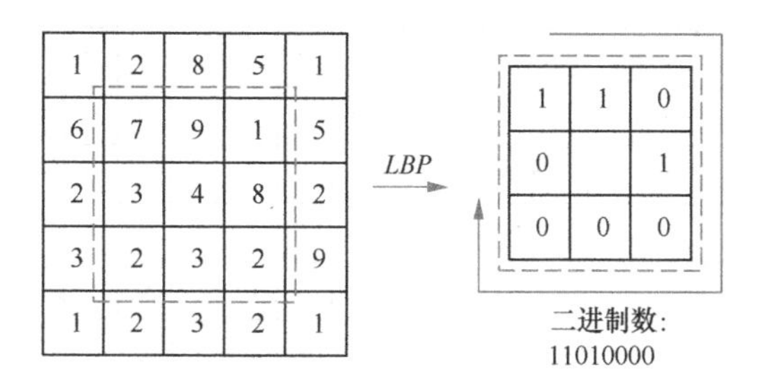

图3.10 *LBP*计算实例

2. 灰度共生矩阵

假设一幅灰度量化级为L的图像，两个像素间的距离度量为l，记$p_{l,\theta}(i,j)$为沿着θ方向上距离为$\boldsymbol{d}=(\Delta_x,\Delta_y)$的像素对出现的次数，这两个像素点的像素值分别为$i$和$j$。一般$\theta$取值为0°、45°、90°、135°四个值。通过距离$\boldsymbol{d}$可以计算得到θ的大小，因此两个像素点的距离和方向可以通过改变l获得不同的组合，从而提取得到不同的纹理特征。灰度共生矩阵表示如下[97]。

$$P_l=\begin{bmatrix} p_{l,\theta}(0,0) & p_{l,\theta}(0,1) & \cdots & p_{l,\theta}(0,j) & \cdots & p_{l,\theta}(0,L-1) \\ p_{l,\theta}(1,0) & p_{l,\theta}(1,1) & \cdots & p_{l,\theta}(1,j) & \cdots & p_{l,\theta}(1,L-1) \\ \cdots & \cdots & \cdots & \cdots & \cdots & \cdots \\ p_{l,\theta}(i,0) & \cdots & \cdots & p_{l,\theta}(i,j) & \cdots & p_{l,\theta}(i,L-1) \\ \cdots & \cdots & \cdots & \cdots & \cdots & \cdots \\ p_{l,\theta}(L-1,0) & p_{l,\theta}(L-1,1) & \cdots & p_{l,\theta}(L-1,j) & \cdots & p_{l,\theta}(L-1,L-1) \end{bmatrix} \tag{3.23}$$

假设图像I的灰度范围为1到6，图像大小为4×4，选取单位距离l为1，θ为0°，计算得到的灰度共生矩阵如图3.11所示。

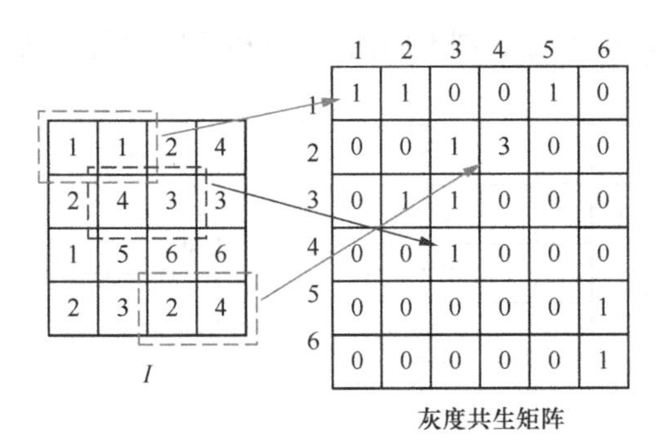

图3.11 灰度共生矩阵计算实例

得到计算结果之后，需要定义相应的特征统计量来描述图像的纹理特征。常用的8个纹理特征分别是能量、对比度、逆差矩、熵、差异熵、相关性、均值、方差等，它们的计算公式分别如下。

（1）能量（angular second moment，ASM）。

$$ASM=\sum_{i=0}^{L-1}\sum_{j=0}^{L-1}[P(i,j)]^2 \tag{3.24}$$

（2）对比度（contrast，Con）。

$$Con=\sum_{i=0}^{L-1}n^2\left[\sum_{i=0}^{L-1}\sum_{j=0}^{L-1}P(i,j)\right],|i-j|=n \tag{3.25}$$

（3）逆差矩（inverse difference moment，IDM）。

$$IDM=\sum_{i=0}^{L-1}\sum_{j=0}^{L-1}\frac{1}{1+(i-j)^2}\cdot P(i,j) \tag{3.26}$$

（4）熵（entropy, Ent）。

$$Ent = -\sum_{i=0}^{L-1}\sum_{j=0}^{L-1} P(i,j)\times\log(P(i,j)) \tag{3.27}$$

（5）差异熵（difference entropy, DEnt）。

$$DEnt = -\sum_{i=0}^{L-1} P_{x+y}(i)\times\log(P_{x+y}(i)) \tag{3.28}$$

（6）相关性（correlation, Corr）。

$$Corr = \sum_{i=0}^{L-1}\sum_{j=0}^{L-1}\frac{(i\times j)\cdot P(i,j)-(\mu_x\times\mu_y)}{\sigma_x\times\sigma_y} \tag{3.29}$$

（7）均值（average, Aver）。

$$Aver = \sum_{i=0}^{2(L-1)} i\cdot P_{x+y}(i) \tag{3.30}$$

（8）方差（variance, Var）。

$$Var = \sum_{i=0}^{L-1}\sum_{j=0}^{L-1}(i-u)^2 P(i,j) \tag{3.31}$$

3.4.2 基于小波包变换的图像特征提取方法

可视化空间外差光谱电子鼻系统的响应图谱是由多种纹理结构不同的干涉条纹叠加而成，而在空间外差光谱仪中，不同频率的光生成的干涉图具有不同的方向。因此，当输入光为连续宽光谱光源时，可视化空间外差光谱电子鼻系统的响应图谱就会具有丰富的尺度和方向信息。目前，典型的图像特征提取方法均不能同时有效地提取响应图谱中的多尺度和多方向信息，因此我们引入小波包变换（以下用英文缩写WPT表示）的图像特征提取方法。

WPT是小波变换的一种推广形式，它在继承小波变换时频局部化能力的同时还对原始信号进行了更加精细的分析。具体如下：普通小波变换只是对原始信号的低频部分进行分解，而对高频部分，即信号的边缘或纹理等细节成分不再继续分解，所以随着分解层数的增加，小波逐渐向低频方向聚焦[96]；WPT可以同时对信号的低频和高频部分进行分解，且这种分解是无冗余、无疏漏的。WPT的这种分解方式不仅提高了信号的时频分辨率，而且能够在所有频率范围内实现能量的聚焦[100-105]。

小波包函数$\mu_{j,k}^{n}(t)$的定义为

$$\mu_{j,k}^{n}(t) = 2^{\frac{j}{2}} \cdot \mu^{n}(2^{j}t - k) \tag{3.32}$$

式中$n = 0, 1, 2, \cdots$表示振荡参数，$j \in z$和$k \in z$分别表示尺度参数和平移参数。

当$n = 0, 1$且$j = k = 0$时，初始的2个小波包函数定义为

$$\mu_0(t) = \varphi(t),\ \mu_1(t) = \psi(t) \tag{3.33}$$

式中$\varphi(t)$和$\psi(t)$分别表示尺度函数和小波函数。初始小波包函数满足

$$\begin{cases} \mu_0(t) = \sqrt{2}\sum\limits_{k \in z} h(k)\mu_0(2t - k) \\ \mu_1(t) = \sqrt{2}\sum\limits_{k \in z} g(k)\mu_0(2t - k) \end{cases} \tag{3.34}$$

式中$h(k)$和$g(k)$分别表示低通滤波系数和高通滤波系数。

当$n = 2, 3, 4, \cdots$时，其他的小波包函数满足

$$\begin{cases} \mu_{2n}(t) = \sqrt{2}\sum_{k \in z} h(k)\mu_n(2t-k) \\ \mu_{2n+1}(t) = \sqrt{2}\sum_{k \in z} g(k)\mu_n(2t-k) \end{cases} \tag{3.35}$$

则由上式所定义的函数集合$\{\mu_n(t)\}, n = 0, 1, 2, \cdots$就称为函数$\varphi(t)$的小波包。

对于一幅给定的图像$I(x, y)$，对某一小波包函数$g_{mn}(x, y)$，它的WPT可定义为

$$w_{mn} = \iint I(x, y) g_{mn}(x - x_1, y - y_1) \mathrm{d}x_1 \mathrm{d}y_1 \tag{3.36}$$

假设局部纹理区域具有空间一致性，则变换系数的均值μ_{mn}和标准差σ_{mn}可代表该区域的特征，用于分类、检索等处理。其中均值μ_{mn}和标准差σ_{mn}表示如下。

$$\mu_{mn} = \iint \left| w_{mn}(x, y) \right| \cdot p(x, y) \mathrm{d}x \mathrm{d}y \tag{3.37}$$

$$\sigma_{mn} = \iint \left| w_{mn}(x, y) - \mu_{mn} \right| \cdot p(x, y) \mathrm{d}x \mathrm{d}y \tag{3.38}$$

式中$p(x, y)$表示概率密度函数，用μ_{mn}和σ_{mn}作为分量，就可以构成纹理图像的特征向量，即

$$f = (\mu_{0,0}, \sigma_{0,0}, \mu_{0,1}, \sigma_{0,1}, \cdots, \mu_{s-1,k-1}, \sigma_{s-1,k-1}) \tag{3.39}$$

3.4.3 仿真实验

为验证将基于WPT的图像特征提取方法应用于可视化空间外差

光谱电子鼻实现响应图谱特征提取的有效性，并进一步验证可视化空间外差光谱电子鼻的应用前景，我们同样按照电子鼻的思想通过仿真实验获得不同待测气体的响应图谱，并对响应图谱进行特征提取和模式识别分析。具体如下。

1. 实验流程

可视化空间外差光谱电子鼻的仿真实验框架如图3.12所示。

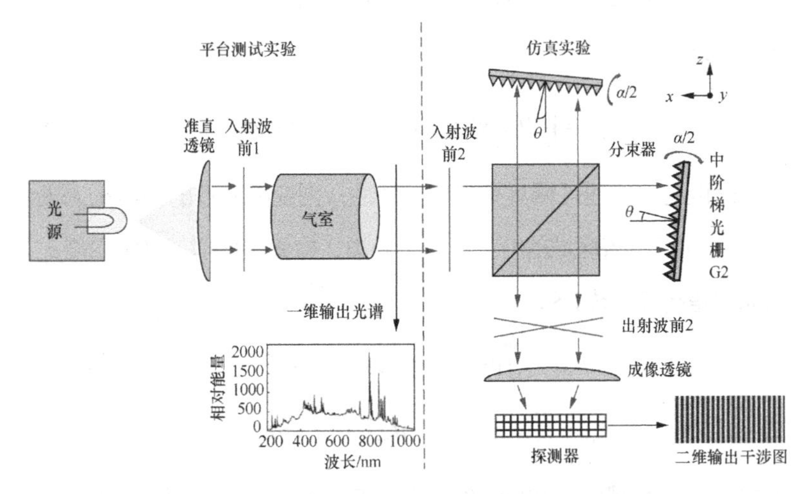

图3.12 可视化空间外差光谱电子鼻的仿真实验框架

仿真实验的步骤如下。

① 将连续宽光谱光源输入无待测气体的可视化空间外差光谱电子鼻系统，仿真得到输入光源的二维干涉图。

② 将连续宽光谱光源输入充有某种浓度待测气体的光吸收气体传感系统，获得测试气体的一维吸收光谱，然后将待测气体的一维

吸收光谱输入可视化空间外差光谱电子鼻系统，仿真得到待测气体吸收光谱的二维干涉图。

③ 将输入光谱和吸收光谱的二维干涉图代入式（3.19），得到待测气体的透射比图谱。

2. 实验步骤

根据图3.12描述的可视化空间外差光谱电子鼻的实验框架，我们选择不同浓度NO_2、SO_2、C_6H_6、C_6H_7分别进行实验。其中，待测气体的输入光谱和吸收光谱由光吸收气体传感系统的实验平台获得，对应二维干涉图由仿真实验获得。具体实验过程如下。

（1）采集待测气体的一维光谱。

① 在连续宽光谱光源EQ99（光谱范围为170nm ~ 2100nm）关闭的情况下，使用光栅光谱仪Maya 2000Pro（光谱范围为200nm ~ 1100nm，分辨率0.44nm）记录实验平台的背景光谱。

② 打开光源，在气室中充满N_2的情况下记录光源未经气体吸收的原始光谱，即为可视化空间外差光谱电子鼻系统的输入光谱。

③ 使用真空泵和质量流量控制器分别向气室中充入不同种类、不同浓度的待测气体，其中NO_2的测试浓度分别为0.2‰、0.4‰、0.6‰，SO_2的测试浓度分别为0.3‰、0.6‰、0.9‰，C_6H_6和C_7H_8的测试浓度均为3‰。另外，在测试每一组气体时我们均需记录它们的背景光谱、输入光谱和吸收光谱。（注：‰表示千分之一。）

④ 分别从输入光谱和吸收光谱中减去背景光谱来消除背景干扰，

将背景干扰抑制后的输入光谱和吸收光谱代入式（2.8）获得相关气体的吸光度曲线如图3.13所示（基于最小二乘支持向量机干扰抑制后的结果）。

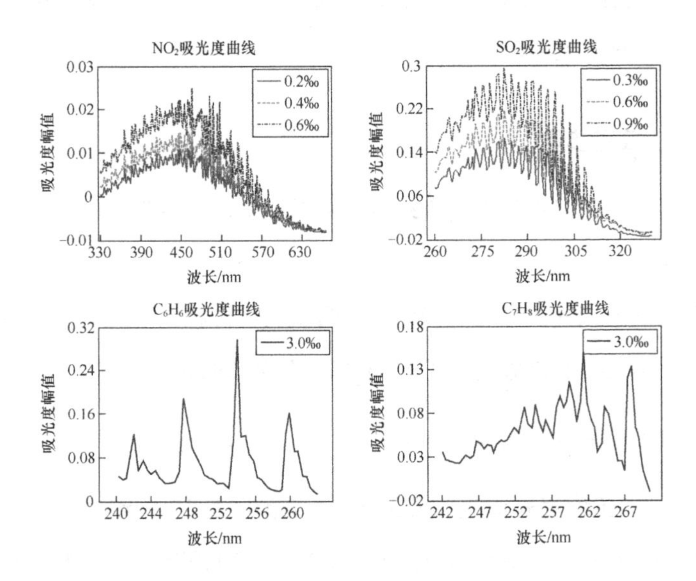

图3.13　测试气体的吸光度曲线

⑤ 根据HITRAN数据库中提供的NO_2（340nm ～ 650nm）、SO_2（260nm ～ 330nm）、C_6H_6（240nm ～ 280nm）和C_7H_8（240nm ～ 270nm）的特征光谱范围，我们选择宽光谱空间外差光谱仪的有效光谱范围为240nm ～ 650nm。

（2）获得待测气体的透射比图谱。

① 在宽光谱空间外差光谱仪系统中，选择中阶梯光栅的闪耀角为63°、刻槽密度为31.6 l/mm、有效宽度为20mm，系统的有效光谱范围为240nm ～ 650nm。由3.2.1小节的公式计算得到的宽光谱空间外差光谱仪的技术参数：光谱分辨率0.014mm^{-1}，探测器的

最小像元个数600×1400，光栅的最大衍射级次150。事实上，仿真实验受光吸收气体传感系统实验平台中光栅光谱仪分辨率的制约，干涉图的光谱分辨率最终仅为0.44nm。

② 将背景干扰抑制后的输入光谱送入宽光谱空间外差光谱仪仿真得到输入光谱的二维干涉图，干涉图的尺寸为600×1400，即本章采用的空间外差光谱气体传感方法的模拟传感器阵列规模为600×1400。

③ 分别将不同种类、不同浓度的背景干扰抑制后的吸收光谱送入宽光谱空间外差光谱仪仿真得到各自的二维吸收干涉图。实验中，每种气体共收集了32组数据，图3.14所示的是第一组数据的干涉图。

图3.14中，由于原图的信息比较复杂，所以通过方框对其中的部分信息进行放大展示，具体如方框右下侧的三维图所示。观察图3.14发现，测试气体干涉图的对比度较低。由式（3.5）可知，宽光谱空间外差光谱仪的输出干涉图是由不同衍射级次的干涉图叠加而成，叠加次数越多，对应干涉图的对比度越低。本系统中，宽光谱空间外差光谱仪的输入光谱（240nm ～ 650nm）同时覆盖了紫外-可见波段，对应中阶梯光栅的衍射级次为150，即图3.14中的干涉图是由150个不同衍射级次的干涉图叠加而成，这显然严重降低了输出干涉图的衬比度。

（3）传感数据获取与预分析。

前面我们通过仿真实验获得了不同种类、不同浓度待测气体输入和吸收光谱的二维干涉图，将上述数据代入式（3.19）计算得到相应气体的透射比图谱如图3.15所示。

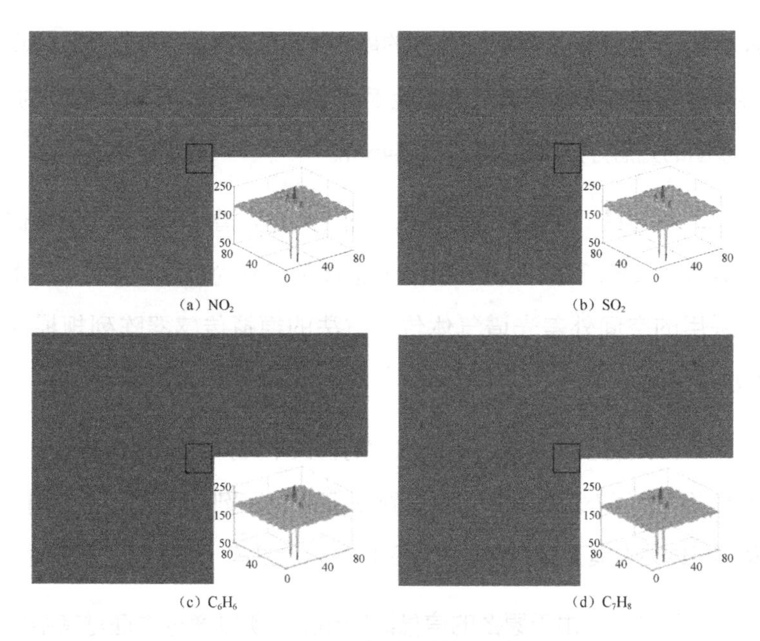

(a) NO_2　(b) SO_2

(c) C_6H_6　(d) C_7H_8

图3.14　测试气体的吸收干涉图

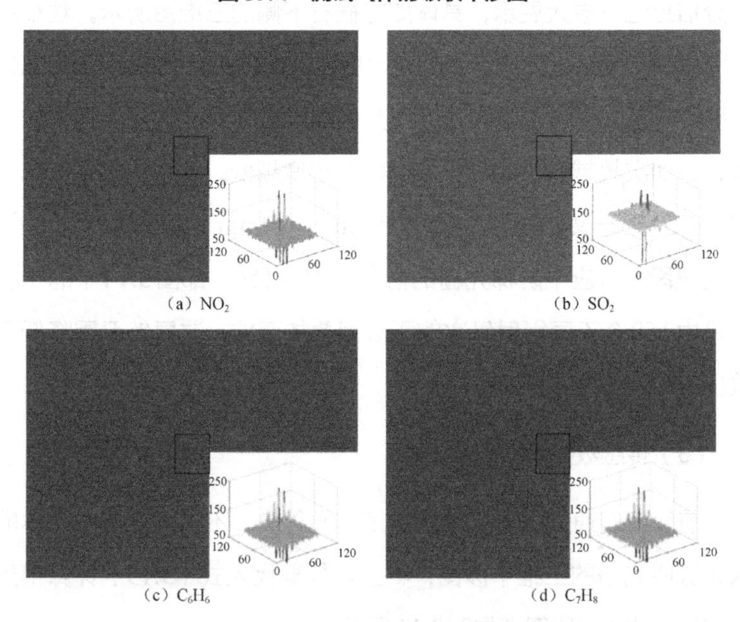

(a) NO_2　(b) SO_2

(c) C_6H_6　(d) C_7H_8

图3.15　不同种类测试气体的透射比图谱

观察图3.15中的透射比图谱可以发现：不同种类的待测气体具有不同的透射比图谱，这一差异体现在透射比图谱的条纹结构、条纹方向和条纹周期上。然而由于输入光的光谱范围较宽，透射比图谱的条纹对比度过低，造成图谱的观察感受较差。为了获得客观的分析结果，我们选择相关系数对可视化空间外差光谱电子鼻的响应图谱进行分析，计算结果如表3.4所示。

表3.4 不同气体透射比图谱的相关系数

类型	相关系数			
	NO_2	SO_2	C_6H_6	C_7H_8
NO_2	1	0.55	0.95	0.92
SO_2	0.55	1	0.53	0.50
C_6H_6	0.95	0.53	1	0.94
C_7H_8	0.92	0.50	0.94	1

对比表3.4中不同气体透射比图谱的相关系数可以得到以下结论：

① 系统不仅实现了气体光谱信息的超分辨呈现，而且不同气体传感数据的相关系数均小于1；

② 系统具有较宽的光谱响应范围，且对相似波段、不同光谱分布的气体也有很好的传感结果，如SO_2（260nm～330nm）和C_7H_8（240nm～270nm）的相关系数远小于1，表明它们之间存在明显的差异，验证了空间外差光谱气体传感系统的光谱响应性和交叉敏感性；

③ 可视化空间外差光谱电子鼻气体传感系统的传感阵列规模为600×1400，理论光谱分辨率为0.014mm^{-1}，远优于普通电子鼻及

第2章介绍的光学电子鼻的传感阵列规模和传感单元的光谱分辨率，进一步改善了光学电子鼻的气体传感性能。

3.4.4 特征提取与数据分析

1. 数据集

选择合适的数据集是进行数据分析的前提，3.4.2小节通过实验获取了不同种类、不同浓度待测气体的传感数据。本小节将从中选取部分数据构成可视化空间外差光谱电子鼻的数据集进行特征提取和模式识别分析，具体构成如表3.5所示。

表3.5 可视化空间外差光谱电子鼻的数据集构成

气体	NO_2			SO_2			C_6H_6	C_7H_8
浓度/‰	0.2	0.4	0.6	0.3	0.6	0.9	3	3
样本数量	10	10	12	10	10	12	32	32
样本数合计	32			32			32	32

2. 特征提取实验与结果分析

本小节使用前文提及的图像特征提取方法（LBP、GLCM、WPT）分别对不同测试气体（NO_2、SO_2、C_6H_6、C_7H_8）的响应图谱进行特征分析，得到对应方法的特征提取结果如图3.16～图3.18所示。

由于不同方法基本原理和计算方法存在差异，获得的特征数据的数据维数也各不相同。LBP的特征维数为59，表示干涉图的59个局部二值模式；GLCM的特征维数为8，分别表示灰度共生矩阵的

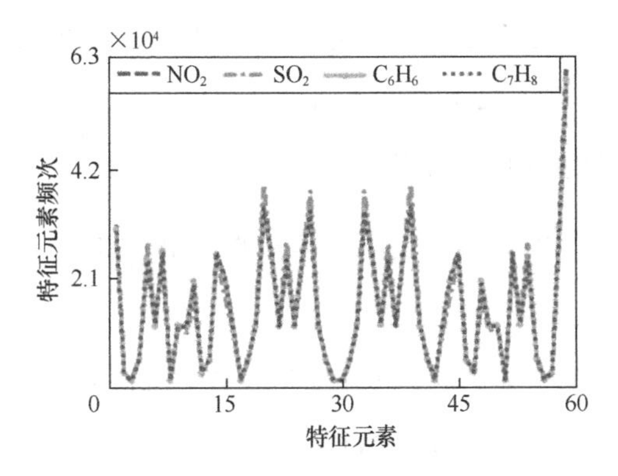

图3.16 基于LBP方法的特征提取结果

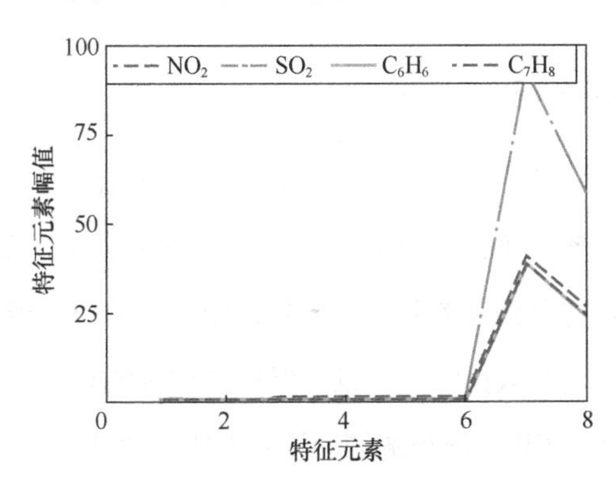

图3.17 基于GLCM方法的特征提取结果

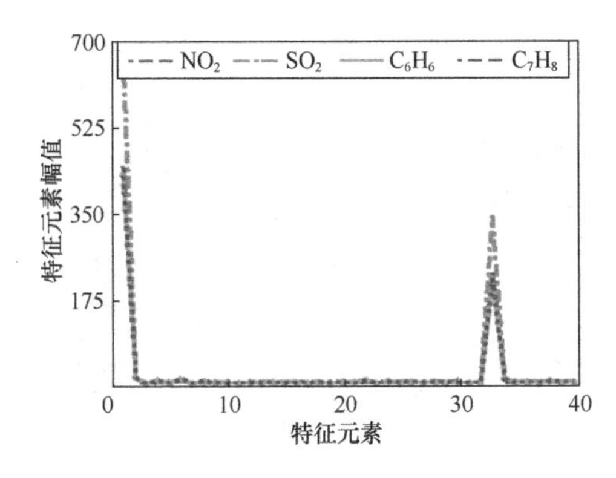

图3.18 基于WPT的特征提取结果

能量、对比度、逆差矩、熵、差异熵、相关性、均值、方差等信息；WPT分析中，我们选择“db4”小波对图谱进行两层分解，共得到信号的20个分解系数，对应数据的特征维数为40。

通过对比图3.16～图3.18中展示的LBP、GLCM以及WPT对四种气体响应图谱的特征提取结果，可以发现：三种方法都能实现良好的数据降维，即将原始传感数据以数十维特征向量的形式表现出来。另外，相对于LBP和WPT，GLCM特征对气体种类的差异性更敏感。

3. 主成分分析

在构建模型对特征数据进行分类之前，可先对数据集进行主成分分析[86]，该操作不仅可反映特征提取方法的优劣，而且可反映不同类样本被分类器分开的概率。另外，使用主成分分析法还可以进一步减小数据集的数据维数，以降低模式识别的复杂度。使用主成分分析法对数据集进行分析的结果如图3.19～图3.21所示。

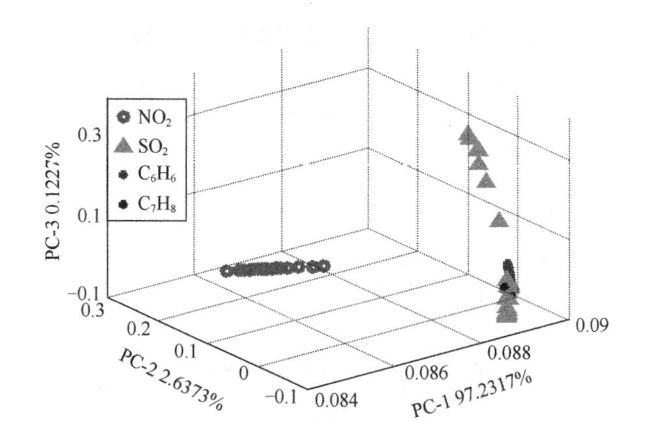

图3.19 基于LBP方法所得特征的主成分分析结果

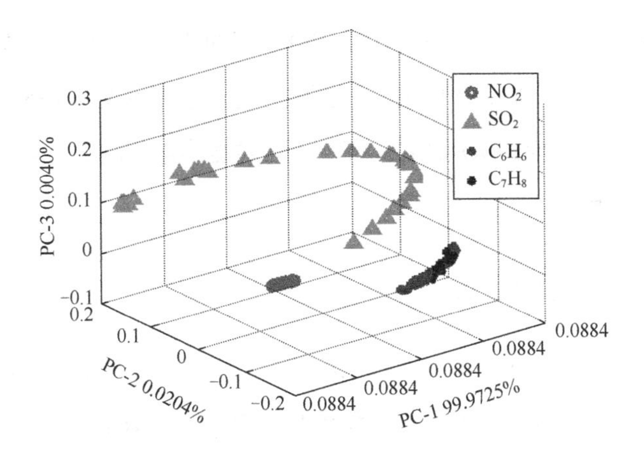

图3.20 基于GLCM方法所得特征的主成分分析结果

图3.19中，SO_2、C_6H_6、C_7H_8三种气体的LBP特征严重的交叉重叠，说明它们被分类器分开的概率较低；图3.20中，虽然NO_2、SO_2能够相对独立地分开，但是C_6H_6和C_7H_8两种气体的GLCM特征重叠明显，说明这两者被正确分类的难度较大；图3.21中，NO_2、SO_2的特征分布相对独立，而且C_6H_6和C_7H_8两种气体的特征虽然存在重叠，但重叠并不明显，说明它们在理论上是可分的。

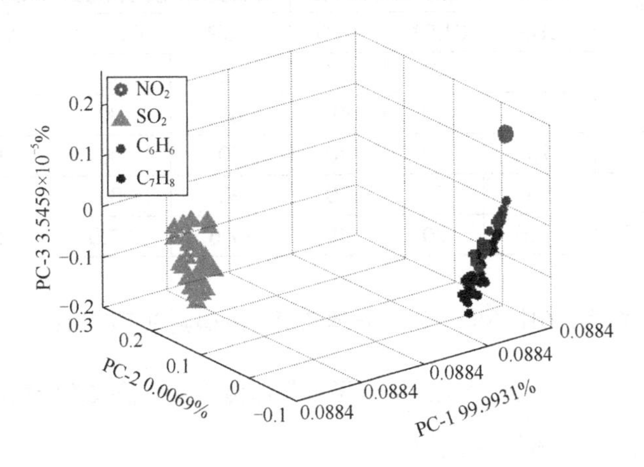

图3.21 基于WPT方法所得特征的主成分分析结果

另外，对比发现三种方法主成分分析的前三个主成分的累积贡献率均超过99.9%，表明前三个主成分包含了原始数据集的大部分信息，增强了模式识别的准确率，而且数据维数的减小可降低模式识别的计算复杂度。

4. 气体种类判决

样本数据经过特征提取和主成分分析降维后，分别选取特征向量的前三个主成分（累计贡献率>99%）构建新的数据集；然后采用Kennard-Stone sequential（KSS）算法对新样本集按照7：3的比例分配为训练集和测试集，并选择相关系数法和欧氏距离-质心法对气体种类进行判决。

相关系数法和欧氏距离-质心法对测试集进行模式识别的分类识别率如表3.6所示。

表3.6　对测试集进行模式识别的分类识别率

类型	相关系数法得到的识别率/%			欧氏距离－质心法得到的识别率/%		
	LBP	GLCM	WPT	LBP	GLCM	WPT
NO_2	100	100	100	100	100	100
SO_2	50	70	100	80	80	100
C_6H_6	70	60	70	90	90	60
C_7H_8	50	50	70	80	80	80
平均值	**67.5**	**70**	**85**	**87.5**	**87.5**	**85**

分析表3.6中不同气体的分类结果可以得到以下结论：

① 可视化空间外差光谱电子鼻气体传感系统获取的传感数据有效地反映了气体的特征信息；

② 欧氏距离-质心算法对传感数据的分类识别率高于相关系数算法，表明欧氏距离-质心算法对可视化空间外差光谱电子鼻的传感数据具有较好的分类效果；

③ 相关系数算法下，相对于经典的LBP方法（识别率为67.5%）和GLCM方法（识别率为70%），基于WPT方法可取得较高的识别准确率（识别率为85%）。

上述结论一方面验证了将空间外差光谱气体传感技术应用电子鼻的可行性和有效性，另一方面展示了WPT的图像特征提取方法的有效性。

3.5 本章小结

在探索将复合光吸收气体传感技术引入电子鼻的过程中，为进一步改善电子鼻的气体传感性能，我们提出了一种基于空间外差光谱技术的电子鼻气体传感方法。

首先根据空间外差光谱技术和分子光谱学原理建立气体传感模型，并按照该模型构建可视化空间外差光谱电子鼻气体传感系统；然后选用合适的器材搭建实验平台，并选用不同浓度NO_2对平台进行测试，测试结果验证了本方法的可行性和有效性；接着通过仿真实验获得不同测试气体的响应图谱，根据响应图谱的特点引入小波包变换的图像特征提取方法，分别选用该方法和典型的图像特征提取方法获得响应图谱的综合特征；最后按照电子鼻的数据处理思路对特征数据进行分析，测试结果验证了新型图像特征提取方法的优越性。

相对于普通电子鼻和光学电子鼻，空间外差光谱气体传感方法存在如下优势：

① 传感阵列规模更大，可以获得气体更多的光谱信息；

② 在探测光谱范围相同的情况下，可以对气体更精细的峰状光谱信息进行检测；

③ 气体光谱信息的二维图谱化呈现，可借助成熟的图像处理技术对嗅觉信息进行分析，降低了电子鼻数据处理的复杂度并大大丰富了嗅觉信号的处理方法。

由此可见，空间外差光谱气体传感方法可有效改善电子鼻的气体传感性能，进一步提升电子鼻的应用前景。

第4章 光学电子鼻气体传感系统的干扰抑制方法

4.1 引言

相对于现有的电子鼻气体传感系统，基于光栅光谱技术的电子鼻气体传感方法为电子鼻提供了较大的传感阵列规模以及较快的响应/恢复速度，使系统可以在较短的时间内获取更加丰富的气体传感信息，为改善现有电子鼻的气体传感性能奠定了基础。但微型光栅光谱仪在长时间工作时，芯片温度升高会使光谱仪内部电路产生噪声，导致气体传感系统采集的传感数据存在电子噪声干扰[38]，进而影响系统的识别精度。另外，气体传感系统在实际应用中还受到杂散光等因素带来的干扰。

目前，常用的光谱干扰抑制方法包括微分法、非局部均值法、S-G滤波法、小波阈值法、自适应迭代加权惩罚最小二乘（以下用英文缩写AirPLS表示）等[103, 104]，这些方法以去除背景噪声为目的，对干扰有很好的抑制效果。但是，对面向电子鼻的复合光气体传感方法而言，气体传感系统在实际应用中还受到测试环境温度和气压的影响，导致相同气体在不同时刻获得的传感数据存在非线性畸变，而这些畸变是无法使用常规的干扰抑制方法进行校正的。鉴于此，我们针对光学电子鼻气体传感系统的特点探索并建立一种面向光学电子鼻的干扰抑制方法，该方法既要能够抑制常规的杂散光、电子噪声等干扰，还要能减小测试环境温度、气压变化对传感数据造成的非线性畸变。

围绕上述目标，我们首先分析光学电子鼻气体传感系统中的影响因素，然后根据气体传感系统的干扰特征和样本特点建立基于最小二乘支持向量机的光学电子鼻干扰抑制方法，最后分别使用本方法和典型的光谱干扰抑制方法对实测传感数据进行分析，以验证本方法的有效性和优越性。

4.2 光学电子鼻气体传感影响因素

朗伯-比尔定律的理论形式如2.2.2小节所述，实际应用中该定律受测试环境大气压、温度等诸多因素的影响会发生变化。本节对朗伯-比尔定律[105]修正描述如下。

$$I_{\text{out}} = I_{\text{in}} \cdot \mathrm{e}^{-PS(T)\phi(\upsilon)CL} \tag{4.1}$$

式中I_{in}为输入光谱，I_{out}为吸收光谱；$S(T)$为特征谱线的线强度，反映谱线的吸光强度，该参数只与测试环境的温度有关；P为测试环境的压强；L为输入光与气体的有效作用光程；C为气体的体积浓度；$\phi(\upsilon)$为线型函数，反映测试气体吸收谱线的形状，该参数与测试环境的温度、压强以及气体中各成分的含量有关。

4.2.1 线强度

特征谱线的线强度$S(T)$是分子能级跃迁时吸收和辐射的综合效果体现，反映了谱线对光吸收的强弱。实际应用中，特定吸收谱线的线强度只与测试环境的温度相关，可以通过分子光谱数据库

HITRAN[72, 105]中的相关公式计算得到。具体过程：选取一个参考温度T_0，并计算该温度下的线强度$S(T_0)$，那么在温度为T时的线强度$S(T)$可以通过下式进行校正[106, 107]。

$$S(T)=S(T_0)\times\frac{Q(T_0)}{Q(T)}\times\exp\left[-\frac{hcE_i''}{k}\left(\frac{1}{T}-\frac{1}{T_0}\right)\right]\times\left[\frac{1-\exp(-hc\upsilon_0/(kT))}{1-\exp(-hc\upsilon_0/(kT_0))}\right] \tag{4.2}$$

式中Q为分子内部分割函数，E_i''为低跃迁态能量，h为普朗克常数，k为玻尔兹曼常数，c为光速，υ_0为跃迁频率。其中，Q可以通过多项式拟合的方法得到近似值

$$Q(T)=a+bT_j+cT_j^2+dT_j^3 \tag{4.3}$$

式（4.3）中的系数a、b、c、d根据气体的种类和温度范围有不同的取值，可通过分子光谱数据库HITRAN查询得到。表4.1展示了CO_2分子内部分割函数的多项式系数在不同温度范围内的取值。

表4.1　CO_2分子内部分割函数的多项式系数在不同温度范围的取值

系数	70K<T<500K	500K<T<1500K
a	-1.3617	5.0925×10^{2}
b	9.4899×10^{-1}	3.2766
c	-6.9259×10^{-4}	-4.0601×10^{-3}
d	2.5974×10^{-6}	4.0907×10^{-6}

4.2.2 线型函数

线型函数$\phi(\upsilon)$描述了测试环境中气体吸收谱线的形状，反映了

光谱吸收系数随光波频率的变化情况。理论上，由分子能级跃迁所产生的吸收谱线应该是单色光，即呈现出线状。实际应用中，受热力作用、分子碰撞、自然加宽以及Dicke收缩的影响，导致谱线以分子跃迁点为中心呈现出某种形式的分布，具体如下。

1. 高斯（Gaussian）线型函数

当测试环境中由温度所引起的热力作用占主导地位，压强影响较小时，谱线的线型可以通过高斯线型函数来描述，即

$$\phi_D(\upsilon)=\frac{2}{\Delta\upsilon_D}\cdot\left(\frac{\ln 2}{\pi}\right)^{1/2}\cdot\exp\left\{-4\ln 2\left(\frac{\upsilon-\upsilon_0}{\Delta\upsilon_D}\right)^2\right\} \tag{4.4}$$

式中热力线宽$\Delta\upsilon_D$为

$$\Delta\upsilon_D=7.1623\times10^{-7}\cdot\upsilon_0\cdot\sqrt{\frac{T}{M}} \tag{4.5}$$

其中υ_0为跃迁点频率，M为摩尔分子质量，T为绝对温度。

2. 洛伦兹（Lorentz）线型函数

当测试环境中压强影响占优，而温度影响较小时，谱线的线型可以通过洛伦兹线型函数来描述，即

$$\phi_C(\upsilon)=\frac{1}{2\pi}\times\frac{\Delta\upsilon_C}{(\upsilon-\upsilon_0)^2+(\Delta\upsilon_C/2)^2} \tag{4.6}$$

式中碰撞线宽$\Delta\upsilon_C$在给定温度下与压强成正比，即

$$\Delta\upsilon_C=P\cdot\sum X_B 2\gamma_{A-B} \tag{4.7}$$

式中A，B分别表示测试和干扰气体，P为环境压强，X_B为干扰气体B

的摩尔分数，γ_{A-B}为碰撞加宽系数，其值可通过实验获得，也可在HITRAN数据库中查询。表4.2展示了HITRAN数据库中NH_3与CO_2的波数、空气加宽系数和自身加宽系数。

表4.2 HITRAN数据库中的加宽系数

气体	波数/cm^{-1}	空气加宽系数/ $cm^{-1}\cdot atm^{-1}$	自身加宽系数/ $cm^{-1}\cdot atm^{-1}$
NH_3	5016.977	0.1006	0.6065
CO_2	5007.787	0.0661	0.0718

3. 沃伊特（Voigt）线型函数

当热力加宽和碰撞加宽作用相当时，最合适的谱线线型为沃伊特线型函数。沃伊特线型函数是由高斯函数与洛伦兹函数卷积得到的，表达式为

$$\phi_v(\upsilon)=\int_{-\infty}^{+\infty}\phi_D(\upsilon)\phi_C(\upsilon-u)\mathrm{d}u \tag{4.8}$$

经过数学计算得到沃伊特函数的新表达式为

$$\begin{aligned}\phi_v(\upsilon)&=\phi_D(\upsilon_0)\cdot\frac{a}{\pi}\cdot\int_{-\infty}^{+\infty}\frac{\exp(-y^2)}{a^2+(w-y)^2}\mathrm{d}y\\&=\phi_D(\upsilon_0)\cdot V(a,w)\end{aligned} \tag{4.9}$$

式中$V(a,w)$为沃伊特函数，w表示距离吸收谱线中心光谱长度的无量纲数，定义为$w=2\sqrt{\ln 2}(\upsilon-\upsilon_0)/\Delta\upsilon_D$，积分变量$y$定义为$y=2\sqrt{\ln 2}\,u/\Delta\upsilon_D$，参数$a$反映了热力加宽和碰撞加宽之间的影响关系，定义为

$$a=\frac{\sqrt{\ln 2}\Delta\upsilon_C}{\Delta\upsilon_D} \tag{4.10}$$

由此可见，线型函数在选择时需要遵循以下原则：

① 在低压环境中，谱线线型主要由高斯线型函数决定，且该线型函数对分子质量较小的气体或者短波影响较大；

② 在高压环境中，碰撞加宽机理改变了线型的光谱宽度，此时线型出现了越来越多的洛伦兹函数特征，那么谱线线型就由洛伦兹线型函数来决定；

③ 在常温、常压环境中，或者当前热力加宽和碰撞加宽作用相当时，可选用沃伊特线型函数对谱线线型进行拟合。

4.2.3 传感系统影响因素分析

根据式（4.1）定义的朗伯-比尔定律的修正描述，可以得到光学电子鼻气体传感机制的修正公式，即

$$\begin{aligned} A(\lambda) &= \ln\left(\frac{I_{\text{in}}}{I_{\text{out}}}\right) = P \cdot S(T) \cdot \phi(\upsilon) \cdot C \cdot L \\ \alpha(\lambda) &= P \cdot S(T) \cdot \phi(\upsilon) \end{aligned} \quad (4.11)$$

式中$A(\lambda)$为气体的吸光度，$\alpha(\lambda)$为气体的吸收系数，P为测试环境的压强，$S(T)$为特征谱线的线强度，$\phi(\upsilon)$为线型函数，C为测试气体的体积浓度，L为输入光与测试气体的有效作用光程。

根据4.2.2小节描述的环境温度和大气压对线强度和线型函数的影响，将上述影响代入式（4.11）发现，温度和大气压的变化会直接影响着传感系统的响应数据。当温度或大气压变化不大时，传感

数据会在测试气体的标准数据上下变化；当温度或大气压变化较大时，传感数据的波形就会发生结构性变化，该变化体现在测试气体特征谱线的分布上面。所以，光学电子鼻在实际应用中需要严格注意测试环境大气压和温度的变化，然后有针对性地设定新的标签，以便获得准确的识别结果。

4.3 光学电子鼻气体传感系统的干扰抑制方法

4.3.1 典型的光谱干扰抑制方法

目前典型的光谱干扰抑制方法包括微分法、差分法、多项式拟合法、移动窗口平均（moving windows average，MWA）法、自适应多尺度窗口平均法、S-G滤波法、小波阈值法、双树复小波法、惩罚最小二乘（penalized least squares，PLS）法及AirPLS法等，这些方法的应用为光学电子鼻气体检测系统的物质数据分析提供了相对准确的保障。这里对其中四种常用的光谱干扰抑制方法进行介绍。

1. 移动窗口平均法

移动窗口平均法[108]是典型的线性干扰抑制方法，可简单描述为设原始光谱数据为$S(n)$，则移动窗口平均法计算任一点的校正值时，需先将窗口中的每一个数据值进行累加求和，然后再求平均值，即

$$S'(n)=\frac{1}{2M+1}\cdot\sum_{i=-M}^{M}S(n+i) \tag{4.12}$$

式中M为当前计算点每一边的点数，$2M+1$为窗口宽度，$S'(n)$为平滑后的光谱，分析式（4.12）发现，移动窗口平均法的关键是确定移动窗口的尺寸：尺寸过大，平滑会使边缘信息损失严重；尺寸过小，光谱干扰抑制的效果会降低。

2. S-G滤波法

S-G滤波[54]是根据多项式最小平方拟合法导出的一种干扰抑制方法，可简单描述为假设原始光谱中某一连续数据点为$x(n), n=-M,\cdots,M$，窗口宽度为$2M+1$，构造一个D阶多项式$y(n)$来拟合$x(n)$，即

$$y(n)=\sum_{k=0}^{D}a_k n^k \tag{4.13}$$

总的拟合误差为

$$\varepsilon_D=\sum_{i=-M}^{M}(y(n)-x[n])^2=\sum_{i=-M}^{M}\left(\sum_{k=0}^{D}a_k n^k-x[n]\right)^2 \tag{4.14}$$

为使拟合误差ε_D最小，令ε_D对a_k的偏导数为零，可以求得多项式的系数分别为$a_0, a_1, \cdots, a_D$。然后移动窗口，重复上述过程，即可实现对所有光谱数据的干扰抑制处理。分析式（4.14）发现，S-G滤波的重点是选择合适的拟合阶数和窗口宽度，两者设置不合理就会使光谱的干扰抑制结果存在较大的噪声干扰或扭曲失真。

3. 小波阈值法

小波变换具有时频局部化分析信号的能力，原始信号经小波变换后，有用信号对应的小波系数具有很好的能量集中性，且幅值较大、数量较少；而干扰信号对应的小波系数能量比较平均，且幅值偏小、个数较多。小波阈值法正是利用干扰信号的小波变换特点，通过设置合适的阈值函数将干扰对应的小波系数置零，实现其对有用信号的提取[109]。小波阈值法的难点是确定适合的小波基、最优的分解层数以及最佳的阈值函数。

目前，常见的阈值函数包括Stein风险阈值（rigrsure准则）、通用阈值（sqtwolog准则）、极小极大阈值（minimaxi准则）及启发式阈值（heursure准则）等。其中rigrsure准则和minimaxi准则的阈值选取较为保守，sqtwolog准则和heursure准则的阈值选取则较为激进，即有可能将有用信号的高频部分当做干扰去除，所以在实际应用中需要慎重选取阈值函数。

4. AirPLS法

惩罚最小二乘法是Whittaker在1922年提出的一种补偿最小二乘法的弹性光滑滤波器，目前补偿最小二乘法被认为是最经典的粗糙补偿光滑方法，该方法可使原始数据与拟合数据之间达到某种平衡。AirPLS法采用不同的权重计算方法并添加补偿项来控制本底曲线的光滑程度。AirPLS法的基本原理描述如下[109-111]。

假设长度为m的真实信号$\boldsymbol{x}$与拟合信号$\boldsymbol{z}$之间的精确度定义为F，其表达式为

$$F=\sum_{i=1}^{m}(x_i-z_i)^2 \tag{4.15}$$

拟合信号z的粗糙度定义为R，其表达式为

$$R=\sum_{i=2}^{m}(z_i-z_{i-1})^2 \tag{4.16}$$

那么，第t次迭代之后，衡量粗糙度和精确度之间的平衡函数Q可表述为

$$Q^t=F+\lambda R=\sum_{i=1}^{m}w_i^t(x_i-z_i^t)^2+\lambda\sum_{j=2}^{m}(z_i^t-z_{j-1}^t)^2 \tag{4.17}$$

式中w为自适应迭代向量，初始值w^0=1。通过计算$\partial Q/\partial z=0$的解，就可获得平滑后的信号。AirPLS法在应用中，当进入迭代过程后，自适应迭代向量可表示为

$$w_i^t=\begin{cases}0, & x_i\geqslant z_i^{t-1}\\ \mathrm{e}^{\frac{t(x_i\geqslant z_i^{t-1})}{|\boldsymbol{d}^t|}}, & x_i<z_i^{t-1}\end{cases} \tag{4.18}$$

式中$\boldsymbol{d}^t$由$\boldsymbol{x}$和z_i^{t-1}中的负值组成，而前一步迭代的拟合值z_i^{t-1}作为基线的备选值。如果第i个点的值大于基线的备选值，则它被视为峰的一部分。此时，它的权重就被设置为0，使其在下一次迭代拟合过程中被忽略。在AirPLS法实现的过程中，通过自动的迭代和权重调整实现特征分的逐步消除和基线恢复。

当迭代次数达到最大值或者满足收敛条件时，终止迭代，迭代终止的标准定义为

$$|\boldsymbol{d}^t|<0.001\times|\boldsymbol{x}| \tag{4.19}$$

式中$\boldsymbol{d}^t$同样包括$\boldsymbol{x}$和z_i^{t-1}中的负值。

4.3.2 光学电子鼻气体传感系统的干扰分析

由电子鼻的定义[3-5]可知，电子鼻是通过提取传感数据的综合特征并利用模式识别方法以实现气体的定性分析，而无需了解气体具体的化学成分或传感数据的物理意义。简言之，电子鼻通过将待测气体样本数据和标签数据相互匹配实现待测气体的定性分析。其中，标签数据是电子鼻在标准环境中采集的传感数据，样本数据是电子鼻实时采集的传感数据。因此，电子鼻在实际应用中，需要先在标准环境下采集待测气体的传感数据作为该类气体的标签数据，用于后续气体的模式识别分析。

光学电子鼻在实际应用中，测试环境的温度、大气压无法保持稳定，而是在某一范围内呈现动态变化。由4.2节描述的影响光学电子鼻的因素可知：随着测试环境温度、大气压的变化，实测数据与标准数据之间存在一个非线性变换的关系，此时如果仍然使用原始标签作为参考对待测气体进行识别，显然会降低光学电子鼻的识别精度。另外，在光学电子鼻气体传感系统中，由杂散光、电子噪声等因素引起的干扰也会造成传感数据的非线性失真。

因此，我们采用一个非线性变换来描述测试环境温度、大气压变化、杂散光以及电子噪声等引起的干扰，具体如下。

假设光学电子鼻气体传感系统同时受环境温度、大气压变化、杂散光以及电子噪声的影响，系统实际采集的响应数据为s_i，那么其与系统的标签数据m_i之间存在一个非线性变换关系。该关系式表示为[112-114]

$$s_i = f(m_i) \tag{4.20}$$

式中$i = 1, 2, \cdots, n$，$f(\cdot)$表示气体的标签数据受环境温度、大气压变化、杂散光以及电子噪声等引起的非线性变换。如果能得到非线性函数$f(\cdot)$的最佳拟合$\hat{f}(\cdot)$，就可以通过标签数据m_i得到系统响应数据s_i的最佳估计$\hat{s}_i$（$\hat{s}_i = \hat{f}(m_i)$），进而消除上述干扰对传感数据的影响。

4.3.3 基于 LSSVM 的光学电子鼻干扰抑制模型

传感系统干扰抑制模型的关键是寻找标签数据m_i与响应数据s_i之间的最佳估计函数$f(\cdot)$。目前，针对上述最佳估计函数$f(\cdot)$的求解方法有很多，包括最小二乘法、神经网络、最小二乘支持向量机（以下用英文缩写LSSVM表示）等。具体选择哪种方法还需要综合考虑光学电子鼻的样本特点，这些特点如下：

① 光学电子鼻的样本数目一般较少，只有几十个到几百个；

② 由分子光谱学原理可知，气体的传感曲线具有很大的波动性，即存在一系列的极值点；

③ 光学电子鼻气体传感系统的传感阵列一般具有很大的维数，如第2章介绍的光学电子鼻样机的传感单元数目达到1957；

④ 系统的传感数据与标签数据之间存在一种非线性变换的关系。

由文献[84]可知，LSSVM不仅具有较强的逼近、泛化能力，且恰恰能够较好地解决小样本、非线性、高维数和局部极值点等实际问题。另外，LSSVM用等式约束代替支持向量机的不等式约束，将二次规划问题转化成线性方程组求解问题，有效地降低了方法的计算复杂度。所以，LSSVM适用于光学电子鼻气体传感系统的干扰处理，故本章最终选用LSSVM拟合非线性函数$f(\cdot)$。

用LSSVM进行函数估计的基本理论描述[112, 113]：对给定训练样本的数据集$\{(m_i, s_i), i=1,2,\cdots,l\}$，寻找$m_i$和$s_i$之间非线性函数$f(\cdot)$的最佳估计，基本思想是引入变换$\Phi$，把样本数据从输入空间映射到高维空间，并在高维空间利用线性回归函数

$$\hat{f}(\boldsymbol{m}) = \boldsymbol{w}^{\mathrm{T}}\boldsymbol{\Phi}(\boldsymbol{m}) + b \tag{4.21}$$

实现数据拟合。式中$\boldsymbol{\Phi}(\boldsymbol{m})$为特征空间，$\boldsymbol{w}$与$b$分别为权值系数向量和偏置。

根据结构风险最小化原则，综合考虑函数的复杂度和拟合误差，可以将回归问题表述为

$$\begin{aligned}&\min J(\boldsymbol{w},\boldsymbol{e}) = \frac{1}{2}\boldsymbol{w}^{\mathrm{T}}\boldsymbol{w} + \frac{C}{2}\cdot\sum_{i=1}^{l} e_i^2\\&s.t.\quad s_i = \boldsymbol{w}^{\mathrm{T}}\boldsymbol{\Phi}(m_i) + b + e_i,\ i=1,2,\cdots,l\end{aligned} \tag{4.22}$$

式中$\boldsymbol{w}^{\mathrm{T}}\boldsymbol{w}$控制函数的复杂度；$C$为惩罚系数，用来平衡函数的复杂度和拟合误差；$e_i$为松弛因子。使用拉格朗日乘子法求解上述优化问题，并由KKT条件求得回归估计函数

$$\hat{f}(\boldsymbol{m}) = \sum_{i=1}^{l} \alpha_i \cdot K(m_i, \boldsymbol{m}) + b \tag{4.23}$$

式中α_i（$i = 1, 2, \cdots, l$）为拉格朗日乘子。

4.3.4 基于LSSVM的光学电子鼻干扰抑制过程

对标签数据受测试环境温度、大气压、杂散光等影响引起的非线性变换函数$f(\cdot)$，先采用LSSVM进行拟合，然后从光学电子鼻实际采集的传感数据中获得气体传感数据的最佳估计，就可以达到传感系统干扰抑制的目的[112-114]。具体过程如下。

① 选择训练样本。从原始数据集$\{(m_i, s_i), i = 1, 2, \cdots, n\}$中选择部分数据$\{(m_i, s_i), i = 1, 2, \cdots, l\}$作为LSSVM的训练样本，其中$m_i$为标签数据，$s_i$为光学电子鼻传感系统采集的传感数据。LSSVM的输入数据由标签数据m_i及其J维时间导数组成，用$\boldsymbol{M}$表示，那么$\boldsymbol{M}$即为$J+1$维矩阵[112-114]，其中

$$\boldsymbol{M} = [m_1 \quad m_2 \quad \cdots \quad m_l]^{\mathrm{T}} = \begin{bmatrix} m_1 & m_1^{(1)} & \cdots & m_1^{(J)} \\ m_2 & m_2^{(1)} & \cdots & m_2^{(J)} \\ \vdots & \vdots & \ddots & \vdots \\ m_l & m_l^{(1)} & \cdots & m_l^{(J)} \end{bmatrix} \tag{4.24}$$

② 训练LSSVM。将$\boldsymbol{s} = [s_1 \quad s_2 \quad \cdots \quad s_l]^{\mathrm{T}}$和$\boldsymbol{M}$输入LSSVM，那么LSSVM的输出信号即为训练信号经历了非线性变换后的测试传感数据$\hat{\boldsymbol{s}}$（$\hat{\boldsymbol{s}} = \hat{f}(\boldsymbol{M})$）。系统采集信号$\boldsymbol{s}$与LSSVM输出信号$\hat{\boldsymbol{s}}$之差称为误差信号，用$\boldsymbol{e}$表示，即

$$e = s - \hat{s} \tag{4.25}$$

此时，LSSVM需要综合考虑函数的复杂度和拟合误差，根据式（4.22）最终得到标签数据受测试环境温度、大气压、杂散光等影响而发生的非线性变换函数$f(\cdot)$的最佳拟合函数$\hat{f}(\cdot)$。

③ 提取气体传感数据。将采集的测试气体的传感数据$\{(m_i, s_i), i = 1, 2, \cdots, n\}$送入已训练的LSSVM，估计系统实测数据$s_i$中的气体传感数据$\hat{s}_i$。

需要说明的是，我们的最终目的是得到传感系统干扰抑制后的气体传感数据，所以实验中我们并没有求噪声的相关信息，而是直接把估计得到的气体传感数据作为传感系统干扰抑制后的气体传感数据。

4.4 光学电子鼻气体传感系统的干扰抑制实验

4.4.1 实验数据

本小节实验数据由第2章介绍的光学电子鼻实验平台采集得到，具体传感数据为系统对不同浓度NO_2、SO_2、C_6H_6和C_7H_8的测试结果，如图4.1所示。

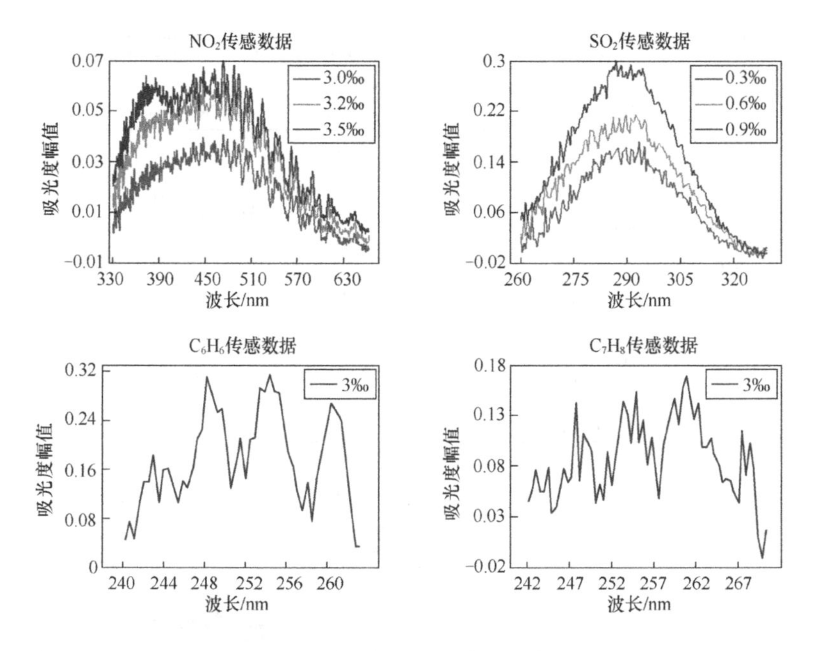

图4.1 不同气体的原始传感数据

根据4.3节构建的基于LSSVM的光学电子鼻干扰抑制模型可知，非线性函数$f(\cdot)$最佳估计的获得需要依据系统的标签数据。而本系统设定的标准环境与HITRAN数据库中相关数据的测试环境相近，所以特别选用HITRAN数据库中相关气体的标准吸收数据$\alpha(\lambda)$作为标签数据，不同气体的吸收截面如图4.2所示。

综合考虑NO_2、SO_2、C_6H_6、C_7H_8的吸收特性，我们选择NO_2的吸收波段为330nm ~ 667nm、SO_2的吸收波段为260nm ～ 330nm、C_6H_6的吸收波段为240nm ～ 263nm、C_7H_8的吸收波段为242nm ～ 270nm。为保证数据的一致性，并消除数据振幅差异对训练模型的影响，后续的所有实验均需要对实验数据和HITRAN数据库中的标准数据进行归一化处理，并在实验结束再对干扰抑制后数据进行逆归一化反演，进而得到实验数据真正的干扰抑制结果。

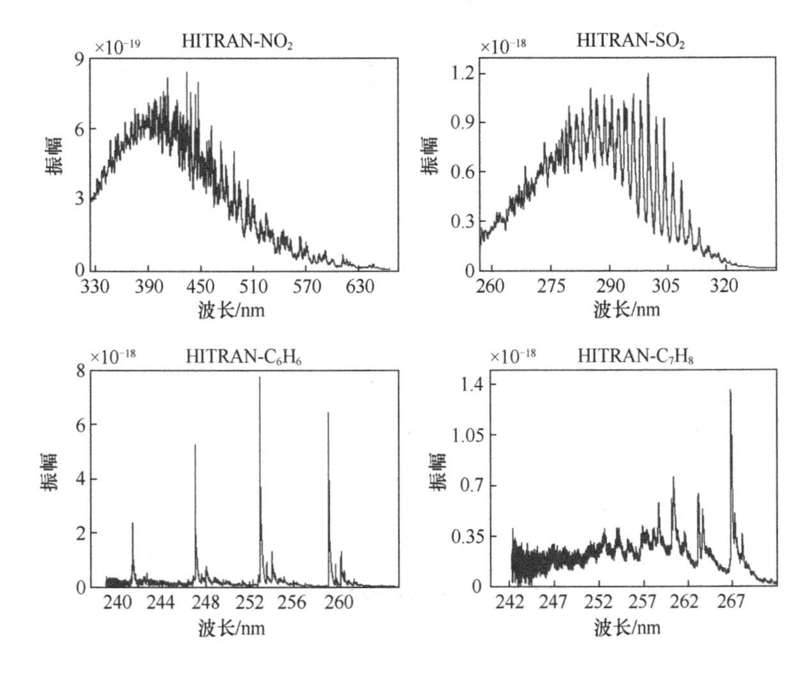

图4.2　HITRAN数据库中NO_2、SO_2、C_6H_6、C_7H_8的吸收截面

4.4.2 干扰抑制实验

为验证方法的有效性和优越性，我们分别选择移动窗口平均法、S-G滤波法、小波阈值法、AirPLS法及LSSVM法作为对比方法，对实测传感数据进行的校正实验如下。

1. 移动窗口平均法

对测试气体的传感数据进行测试实验后发现：移动窗口平均法干

扰抑制实验分别选择19、19、3、3作为NO_2、SO_2、C_6H_6以及C_7H_8传感系统干扰抑制的最佳窗口尺寸，对应的干扰抑制效果如图4.3所示。

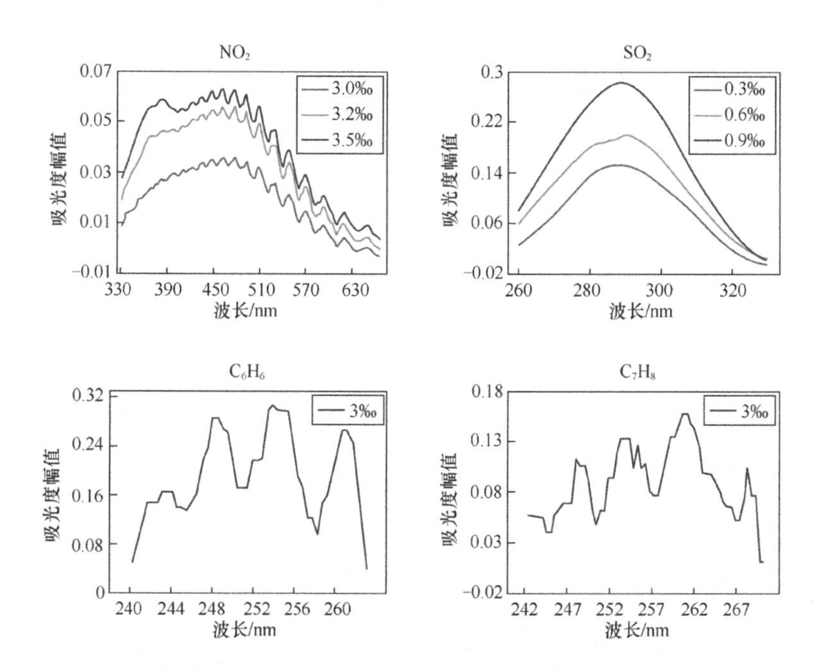

图4.3　移动窗口平均法的干扰抑制效果

观察图4.3发现，移动窗口平均法虽然在一定程度上对原始传感数据中的干扰进行了抑制处理，但受平滑性能的影响，测试气体传感谱线中的峰值信息损失严重，传感数据的辨识度严重降低。

2. S-G滤波法

利用4.3.1小节描述的S-G滤波法对NO_2、SO_2、C_6H_6、C_7H_8的传感数据进行干扰抑制实验发现：NO_2的最佳窗口和最佳拟合阶数分别为17、2；SO_2的最佳窗口和最佳拟合阶数分别为7、4；C_6H_6

的最佳窗口和最佳拟合阶数分别为7、5；C_7H_8的最佳窗口和最佳拟合阶数分别为7、2，对应的干扰抑制效果如图4.4所示。

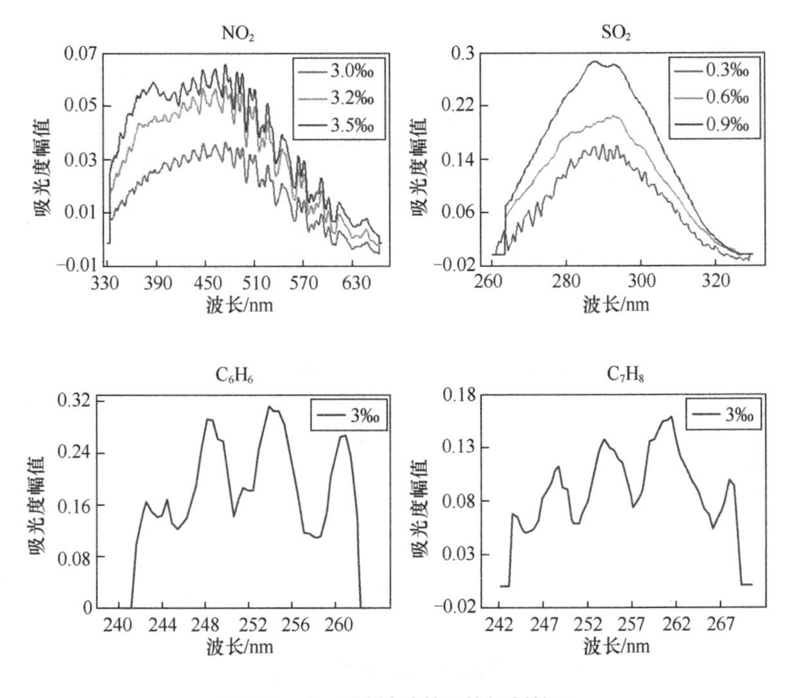

图4.4　S-G滤波法的干扰抑制效果

观察图4.4发现，S-G滤波法同样可以有效去除原始传感数据中的干扰，而且相对于移动窗口平均法，S-G滤波法还较好地保留了谱线中的相对极值和宽度等信息。

3. 小波阈值法

同理，根据4.3.1小节描述的小波阈值法，选取较为保守的minimaxi阈值函数对NO_2、SO_2、C_6H_6、C_7H_8传感数据进行测试发现：最佳分解层数为3层，NO_2和SO_2的最佳小波基函数为db4，C_6H_6

的最佳小波基函数为db8，C_7H_8的最佳小波基函数为db6，对应的干扰抑制效果如图4.5所示。

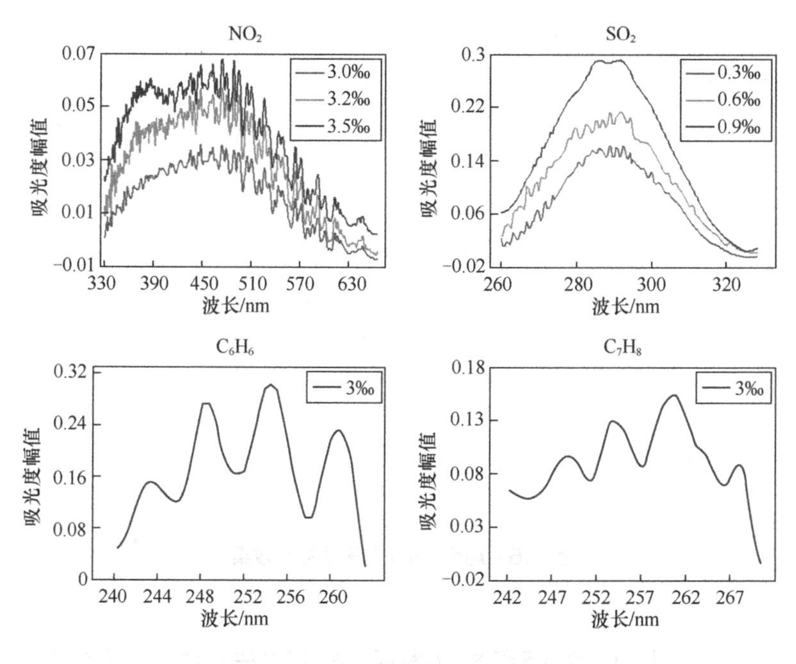

图4.5　小波阈值法的干扰抑制效果

对比图4.4和图4.5发现，S-G滤波法和小波阈值法得到的波形比较接近，但是受阈值函数的限制，小波阈值法处理的波形中部分细节信息丢失。

4. AirPLS法

AirPLS法可实现全自动的传感数据干扰抑制处理，无需任何的先验信息和人为干预，使用该方法对实测传感数据的干扰抑制效果如图4.6所示。

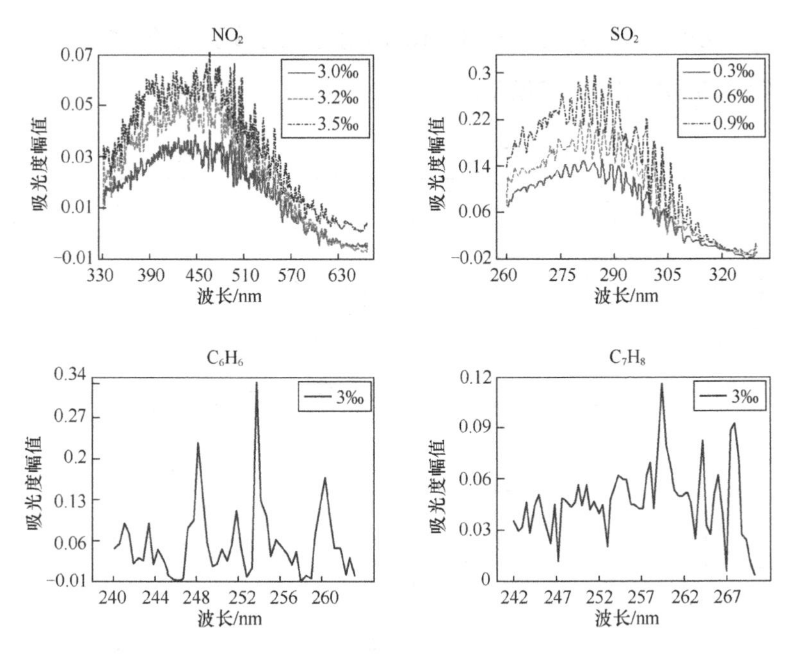

图4.6 AirPLS法的干扰抑制效果

对比图4.4、图4.5和图4.6发现，AirPLS法对实测传感数据进行干扰校正后的光谱曲线整体显示出很好的干扰抑制效果，不仅有效去除了原始传感数据的噪声，且保持了曲线的整体波形。但是，并不是所有的传感数据都得到了很好的干扰抑制，如C_7H_8呈现的曲线就比较差，这是因为AirPLS法对多峰值的光谱具有很好的干扰抑制，而相对于NO_2、SO_2、C_6H_6的吸光度曲线，C_7H_8的峰值信息更少，所以干扰的抑制效果也相对较差。

5. LSSVM法

在LSSVM法的应用中，不同的时间导数J会对实验复杂度产生影响。经测试发现：NO_2和SO_2的最佳时间导数J为20，C_6H_6和C_7H_8的最佳时间导数J分别为3、5，对应传感数据干扰抑制效果如图4.7所示。

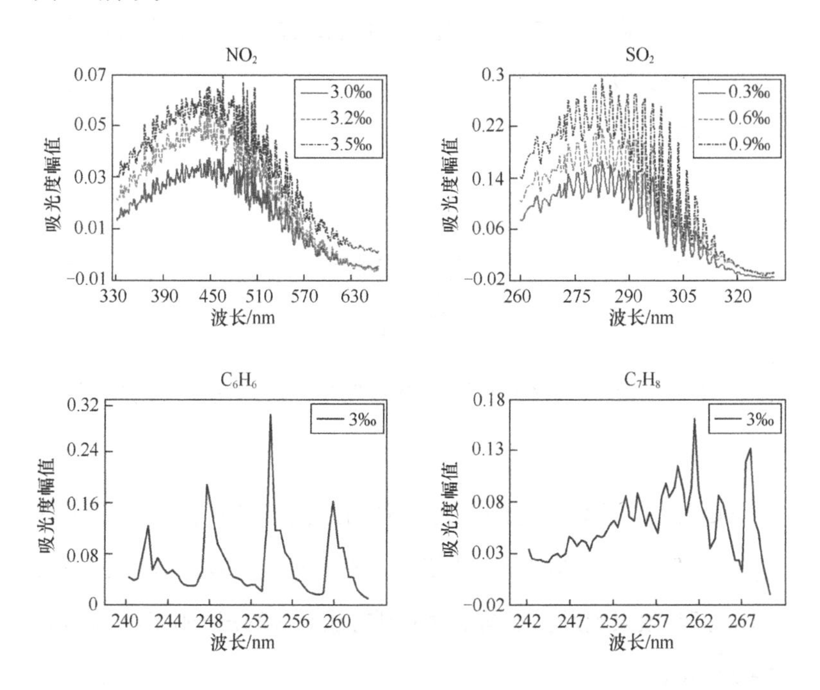

图4.7 LSSVM法的干扰抑制效果

对比以上5种方法的干扰抑制效果可以发现：基于LSSVM的光学电子鼻干扰抑制方法得到的传感数据效果（如图4.7所示）远优于其他四种方法，该方法不仅有效去除了测试传感数据中的随机噪声，保留了测试传感数据的波形、相对极值和宽度等信息，而且校正数据中同类气体的样本数据表现出很好的一致性，为光学电子鼻的模式识别提供了良好的数据基础，上述实验结果验证了本方法的有效性和优越性。

4.4.3 实验结果与对比分析

为进一步验证本方法的优越性，我们选择归一化相关系数[75]作为客观评价参数对传感数据进行分析。这里我们回顾一下归一化相关系数的定义：

$$NCC=\frac{\sum_{i=1}^{N}s_i f_i}{\sqrt{\sum_{i=1}^{N}s_i^2}\sqrt{\sum_{i=1}^{N}f_i^2}} \tag{4.26}$$

式中$i=1,2,\cdots,N$，s_i、f_i分别表示参考光谱和对比光谱，N为传感单元的数目。

NCC反映了参考光谱与对比光谱之间的波形差异，值区间为[−1，1]。显然，NCC值越接近1，说明两种波形的相似性越高，即干扰抑制效果越好。不同干扰抑制方法对应的归一化相关系数如表4.3所示。

表4.3　不同干扰抑制方法对应的归一化相关系数

类别	归一化相关系数					
	原始数据	MWA	S-G滤波	小波阈值	AirPLS	本方法
NO_2	0.9303	0.9603	0.9392	0.9391	0.9840	**0.9982**
SO_2	0.7102	0.7706	0.7085	0.7141	0.9413	**0.9886**
C_6H_6	0.5419	0.5874	0.5559	0.5793	0.7647	**0.9900**
C_7H_8	0.6479	0.6979	0.6957	0.7324	0.6772	**0.9954**
平均值	**0.7076**	**0.7541**	**0.7248**	**0.7412**	**0.8418**	**0.9930**

分析表4.3中的数据发现：

① 几乎所有方法都对原始传感数据起到了较好的干扰抑制效果，对应的归一化相关系数都比原始传感数据的高；

② S-G滤波可以较好地保留原始传感数据的极值点和宽度等信息，但该方法局限于对信号局部信息的去噪，忽略了波形的整体性；

③ AirPLS法通过自适应的迭代拟合，对大部分数据都有很好的校正结果；

④ 相对于前四种方法，本方法的干扰抑制效果最优，它不仅对局部信息实现了干扰抑制处理，还较好地保留了波形的整体轮廓信息等，而且*NCC*值也远高于其他四种方法，验证了本方法的有效性和优越性。

4.5 本章小结

我们提出了基于LSSVM的光学电子鼻干扰抑制方法，该方法既克服了杂散光、电子噪声等干扰对传感系统的影响，又抑制了测试环境的温度和大气压变化造成线强度与线型函数的非线性畸变。

首先分析光学电子鼻气体传感系统的干扰特征和样本特点，针对性地构建基于LSSVM的光学电子鼻干扰抑制模型，然后使用该方法对系统的传感数据进行分析。结果表明：本方法不仅有效抑制了传感数据中幅度较大的随机噪声，更好地保持了原始传感数据的波形、平滑度、相对极值和宽度等信息，而且去干扰后同类气体的样本数据具有较好的一致性，为电子鼻的模式识别分析提供了良好的数据基础。另外，使用本方法校正后的传感数据与标准数据的归一化相关系数高达0.99，高于其他典型干扰抑制方法0.74左右的归一化相关系数，验证了本方法的有效性和优越性，本方法也增强了气体传感系统的稳健性。

第5章 可视化空间外差光谱电子鼻气体传感系统优化方法

5.1 引言

第3章介绍的基于空间外差光谱技术的可视化电子鼻气体传感方法，利用宽光谱空间外差光谱技术同时具备宽光谱和超高光谱分辨率的特性，一方面增大了气体传感阵列的规模，缩小电子鼻传感单元和人类嗅觉受体细胞在数量上的差距，另一方面利用超高的光谱分辨率可实现精细峰状光谱的探测的特点，进一步改善了电子鼻的气体传感性能。但可视化空间外差光谱电子鼻气体传感系统在实际应用中同样受到杂散光、电子噪声等影响。

此外，其气体传感系统还存在两类限制：一类是空间外差光谱仪的信噪比易受多种因素影响，如基线干扰、平坦度畸变、相位畸变等，这些影响会导致气体传感系统获得的光谱信息存在误差甚至错误；另一类是宽光谱空间外差光谱仪受探测器光强灵敏度、光栅衍射效率的影响，导致气体传感系统探测的光谱信息不完善。这两类限制中，前者是气体传感系统器件装调过程中不可避免的误差，可以从算法上对其进行修正；后者主要受设备制作工艺的限制，目前还没有办法直接从硬件制造的角度进行解决。鉴于此，我们分别从算法和硬件设计的角度针对可视化空间外差光谱电子鼻气体传感系统提出优化方法。具体如下。

首先，分析空间外差光谱仪的干扰来源和畸变特点，提出空间外差光谱技术的干涉图校正方法；然后，针对探测器光强灵敏度和光栅衍射效率对空间外差光谱仪的影响，提出交互式宽光谱空间外差光谱电子鼻气体传感方法。

5.2 空间外差光谱技术的干涉图校正

一般的时间调制型光谱技术，如迈克尔逊光谱技术、傅里叶变换光谱技术等均采用单元探测器对干涉数据进行分时采集，而空间外差光谱技术则是利用面阵探测器（CCD）对所有干涉数据同时采集得到二维干涉图。同时采集的方式虽然大大降低了数据的采集时间、减轻了仪器的装调压力，但信噪比易受多种因素影响，导致系统获得的光谱信息不够准确。因此对干涉图进行校正成为空间外差光谱技术研究的关键环节之一。目前的校正效果不够理想，不利于系统快速地对干涉图进行标准化分析。因此，我们从空间外差光谱技术应用的角度对干涉图中可能出现的误差进行分类，并提出相应的解决方法，最后整合这些方法形成一套完整的干涉图校正方法[92]。空间外差光谱仪的基本结构如图5.1所示。

当入射光源的谱密度函数为$B(\sigma)$时，得到的干涉图分布为[51]

$$I(x)=\int_0^{\infty}B(\sigma)(1+\cos(2\pi(4(\sigma-\sigma_0)\tan\theta\cdot x)))\mathrm{d}\sigma \tag{5.1}$$

式中σ表示入射光的波数，θ表示光栅的衍射角，σ_0为Littrow波数，x表示探测器对光栅平面上入射光色散程度的测量，如果对式（5.1）进行逆傅里叶变换就可以得到$\sigma_0\pm\Delta\sigma$光谱范围内的复原光谱$B(\sigma)$。

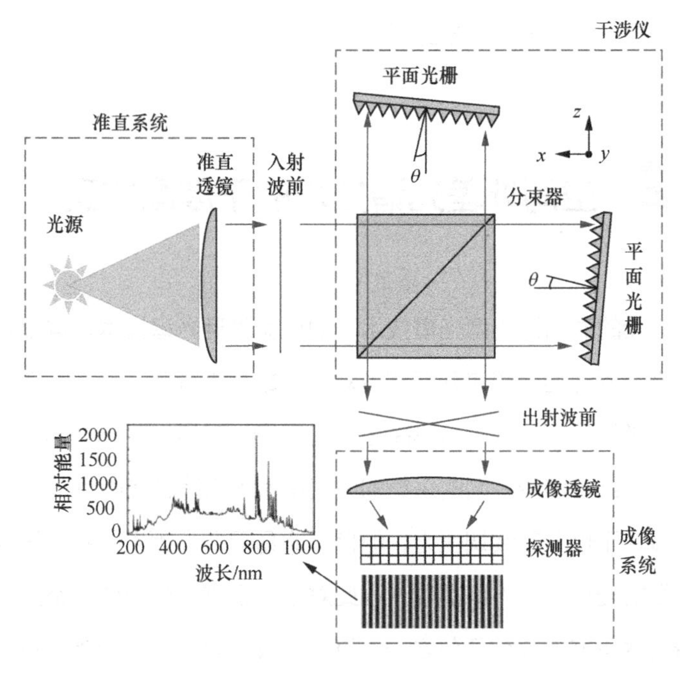

图5.1　空间外差光谱仪的基本结构

5.2.1 干涉图噪声与畸变分析

1. 噪声与基线去除

噪声与失真是影响光学系统性能的重要因素，就空间外差光谱仪而言，噪声与失真主要来源于两个方面：一是所用设备自身存在的误差，如透镜、分束器、光栅等器件在制造过程中由于制作工艺的限制而带来的细微畸变；二是由实验环境引入的干扰，如测试环境中的尘埃、实验平台的不稳定、杂散光等。目前，针对这类噪声与失真的抑制方法有很多，如传统的低/高/带通滤波去噪、自适应滤波去噪、基于小波[115]或超小波的变换域去噪[116, 117]等。

基线的存在会使干涉图的复原光谱中出现低频假信号进而影响到复原光谱的准确性，因此基线去除也是空间外差光谱干涉图校正中必不可少的步骤。常见的基线去除方法有多项式拟合、小波变换以及标准正态变换等，其中最简单有效的方法便是用干涉图直接减去其均值。

2. 平坦度校正

式（5.1）是理想情况下空间外差光谱干涉图分布的表达式，实际上仪器特性的畸变、光栅表面的污染以及干涉仪两臂距离的不同等，都会导致干涉图出现畸变。此时，干涉图的分布[115]为

$$I(x)=\int_0^{\infty}B(\sigma)[t_A^2(x)+t_B^2(x)+2\varepsilon(x,f_x)t_A(x)t_B(x)\cos(2\pi f_x\cdot x)]\mathrm{d}\sigma \quad (5.2)$$

式中$f_x=4(\sigma-\sigma_0)\tan\theta$是干涉图沿$x$轴的空间频率，$\varepsilon(x,f_x)$是干涉图的调制效率，$t_A^2(x)$和$t_B^2(x)$分别是干涉仪两臂A和B传输光信号的传递函数。式（5.2）是一般表达式，理想情况下，$t_A^2(x)=t_B^2(x)=1/4$，而$\varepsilon(x,f_x)$在零光程差时为1，且随着光程差的增大而减小。

C.R. Englert和J.M. Harlander在文献[62]中对干涉图的平坦度校正做了详细描述，本章以干涉仪两臂不平衡为例进行分析。首先，将式（5.2）拆分可得到

$$\begin{aligned}I(x)&=\int_0^{\infty}B(\sigma)t_A^2(x)\mathrm{d}\sigma+\int_0^{\infty}B(\sigma)t_B^2(x)\mathrm{d}\sigma\\&\quad+\int_0^{\infty}2B(\sigma)\varepsilon(x,f_x)t_A(x)t_B(x)\cos(2\pi f_x\cdot x)\mathrm{d}\sigma\\&=I_A(x)+I_B(x)+\int_0^{\infty}2B(\sigma)\varepsilon(x,f_x)t_A(x)t_B(x)\cos(2\pi f_x\cdot x)\mathrm{d}\sigma\end{aligned} \quad (5.3)$$

式中$I(x)$为干涉图光强分布，$I_A(x)$和$I_B(x)$分别为干涉仪两臂的光强分布。观察式（5.3）可以发现，

$$\begin{aligned}I_A(x)+I_B(x)&=[t_A^2(x)+t_B^2(x)]\int_0^\infty B(\sigma)\mathrm{d}\sigma\\&=C\cdot[t_A^2(x)+t_B^2(x)]\end{aligned} \tag{5.4}$$

式中$C=\int_0^\infty B(\sigma)\mathrm{d}\sigma$，将式（5.3）两侧同时除以$I_A(x)+I_B(x)$，并进行移位处理得到

$$\begin{aligned}\frac{I(x)}{I_A(x)+I_B(x)}-1=\frac{1}{C}\int_0^\infty 2B(\sigma)\varepsilon(x,f_x)\cdot\\ \frac{t_A(x)t_B(x)}{t_A^2(x)+t_B^2(x)}\cos(2\pi f_x\cdot x)\mathrm{d}\sigma\end{aligned} \tag{5.5}$$

此时，引入修正因子

$$\mu(x)=\frac{2\sqrt{I_A(x)I_B(x)}}{I_A(x)+I_B(x)} \tag{5.6}$$

对比式（5.4）会发现，实际上$\mu(x)$的值与$2[t_A(x)t_B(x)]/[t_A^2(x)+t_B^2(x)]$的值相同。所以将式（5.5）左右两侧同时除以修正因子$\mu(x)$就可以得到修正后的调制干涉图分布

$$\begin{aligned}I_C(x)&=\frac{I(x)/[I_A(x)+I_B(x)]-1}{\mu(x)}\\&=\frac{1}{C}\times\int_0^\infty 2B(\sigma)\varepsilon(x,f_x)\cos(2\pi f_x\cdot x)\mathrm{d}\sigma\end{aligned} \tag{5.7}$$

3. 切趾

由于空间外差光谱仪采集的干涉图是在有限光程差区间内得到的，这意味着需要强制干涉函数在该区间之外骤降为零，这会导致干涉图边缘出现尖锐的不连续性。此时，如果直接利用该干涉图进行

反演分析，那么复原光谱会有“旁瓣”产生，而正值旁瓣往往会成为虚假信号的来源，强大的负值旁瓣又常使邻近的微弱光谱信号被淹没。因此，采用切趾的手段对旁瓣进行抑制成为空间外差光谱干涉图校正的重要环节[118]。

切趾又称为加窗，对干涉图进行切趾处理就是将干涉图与相应的窗函数相乘，起到一种空间滤波的作用。目前，常用的切趾函数包括三角形窗函数、梯形窗函数、矩形窗函数、Hanning窗函数、高斯窗函数以及Blackman-Harris窗函数等。

我们以Blackman-Harris窗函数为例进行分析[118]，该函数的定义为

$$\begin{aligned} w(x) = & 0.355\,766 - 0.487\,395 \times \cos\left(\frac{2\pi}{X} \cdot x\right) \\ & + 0.144\,234 \times \cos\left(\frac{2\pi}{X} \cdot 2x\right) \\ & - 0.012\,605 \times \cos\left(\frac{2\pi}{X} \cdot 3x\right), (x = 0, 1, 2, \cdots, X-1) \end{aligned} \tag{5.8}$$

对应窗函数的曲线如图5.2所示。

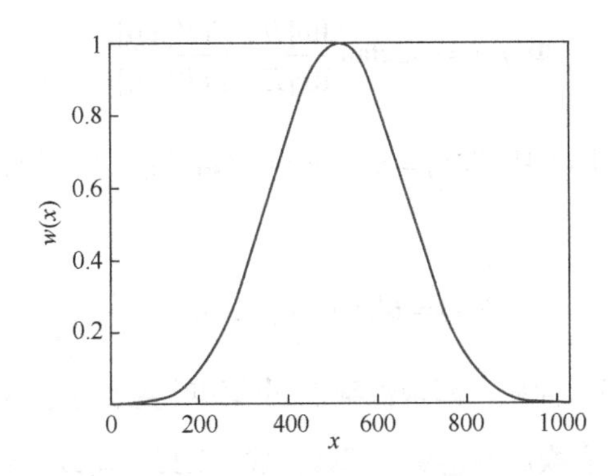

图5.2 Blackman-Harris窗函数的曲线

Blackman-Harris窗函数具有非常强的旁瓣抑制能力，可以有效地对强线附近的虚假光谱信号进行消除，以保证强线附近较弱光谱信号的检查。

4. 相位校正

相位校正的目的是消除由于分束器分光不均匀、探测器响应不均匀、采样步距不均匀以及电子噪声等因素造成的空间外差光谱仪采集的干涉图出现不对称的现象[119]。此时，干涉图的分布为

$$\begin{aligned} I'(x) &= \int_0^{\infty} B(\sigma)\cos(2\pi f_x \cdot x + \Phi(f_x))\mathrm{d}\sigma \\ &= \frac{1}{2}\int_{-\infty}^{\infty} B(\sigma)\exp(-j2\pi f_x \cdot x - j\Phi(f_x))\mathrm{d}\sigma \\ &= \frac{1}{2}\int_{-\infty}^{\infty} B(\sigma)\exp(-j2\pi f_x \cdot x)\cdot\exp(-j\Phi(f_x))\mathrm{d}\sigma \end{aligned} \tag{5.9}$$

对式（5.9）进行反演处理，得到此时干涉图的光谱信息为

$$\begin{aligned} B'(\sigma) &= B(\sigma)\exp(-\Phi(f_x)) \\ &= \mathrm{Re}[IFFT(I'(x))] + j\,\mathrm{Im}[IFFT(I'(x))] \end{aligned} \tag{5.10}$$

那么，系统的相位误差为

$$\Phi(f_x) = -\arctan\frac{\mathrm{Im}[IFFT(I'(x))]}{\mathrm{Re}[IFFT(I'(x))]} \tag{5.11}$$

由式（5.10）中$B'(\sigma) = B(\sigma)\exp(-j\Phi(f_x))$，得到系统的理论光谱为

$$B(\sigma) = B'(\sigma)\exp(j\Phi(f_x)) \tag{5.12}$$

卷积的基本性质：两函数乘积的傅里叶变换等于这两个函数分别进行傅里叶变换后的卷积。那么，式（5.12）可以表示为

$$\begin{aligned} B(\sigma) &= IFFT[FFT[B'(\sigma)\exp(j\Phi(f_x))]] \\ &= IFFT[FFT(B'(\sigma))\cdot FFT(\exp(j\Phi(f_x)))] \\ &= IFFT[I'(x)\cdot FFT(\exp(j\Phi(f_x)))] \end{aligned} \tag{5.13}$$

不妨令$M(x) = I'(x)\cdot FFT(\exp(j\Phi(f_x)))$，那么$M(x)$的图像即相位校正后的干涉图。

5.2.2 干涉图校正实验

1. 实验平台

我们根据需求搭建了两个空间外差光谱仪实验平台（分别如图5.3、图5.4所示）对实测干涉图进行校正研究。

图5.3 HeNe-SHS实验平台

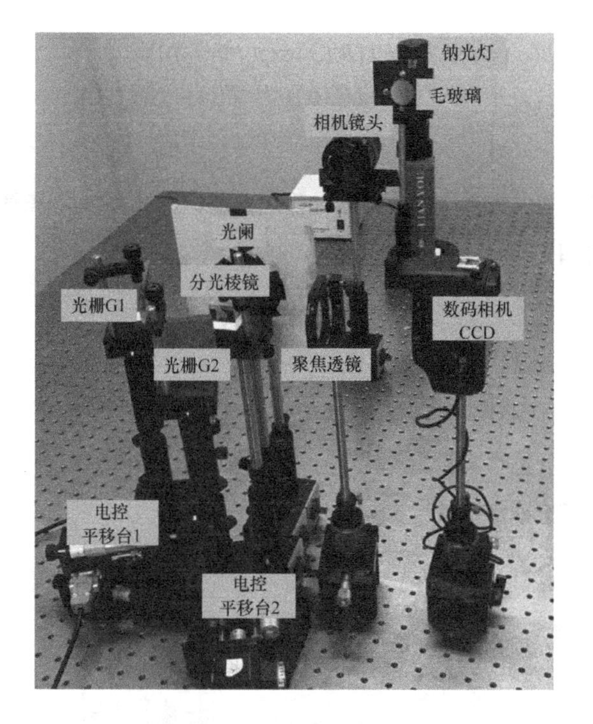

图5.4 Na-SHS实验平台

图5.3所示为氦氖激光器-空间外差光谱仪实验平台（HeNe-SHS实验平台），其中氦氖激光器功率为2mW；准直透镜直径为60mm，焦距为300mm；分束器棱长为25.4mm；衍射光栅刻槽密度1200 l/mm，可使用波段300nm ~ 1000nm；数码相机选用Canon 600D；控制光栅旋转的高精度电控旋转台分辨率为0.005°，重复精度为0.002°，速度为25(°)/s；控制光栅俯仰的高精度电动角位台的分辨率为0.005°，重复精度为±4″，速度为7(°)/s。

图5.4所示为钠光灯-空间外差光谱仪实验平台（Na-SHS实验平台），其中高压钠灯由久杭教学仪器生产；聚焦透镜组采用Canon

的相机镜头，其他设备同HeNe-SHS实验平台。

2. 实验平台性能参数

实验平台中CCD的像元个数为1024×1024，像元尺寸为4.3μm，其他相关参数如表5.1所示。

表5.1 实验平台的部分相关技术参数

参数	HeNe-SHS实验平台	Na-SHS实验平台
光源	氦氖激光器（632.8nm）	钠光灯（589/589.6nm）
Littrow波长	631nm	589.7nm
Littrow角	22.25°	20.72°
分辨极限	$0.1499mm^{-1}$	$0.1605mm^{-1}$
分辨能力	10596	10596
光谱宽度	$76.7488mm^{-1}$	$82.1760mm^{-1}$

3. 干涉图校正处理

我们搭建的两个实验平台的干涉图校正方法是相同的，所以这里以Na-SHS实验平台的干涉图为例进行分析，具体流程如图5.5所示。

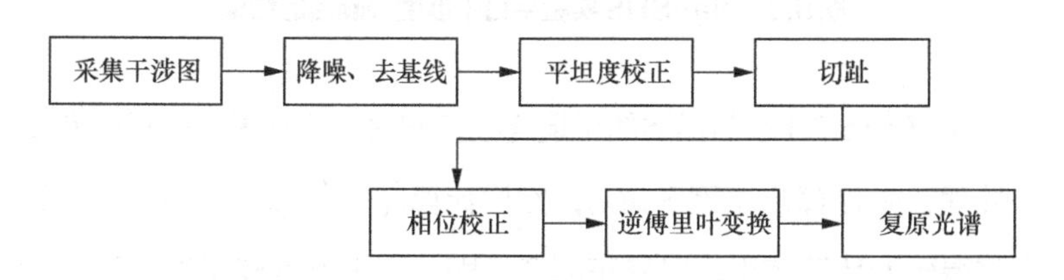

图5.5 Na-SHS实验平台干涉图校正流程

干涉图校正处理的具体过程如下。

① 分别采集干涉图的光强分布$I(x)$和干涉仪两臂的光强分布$I_A(x)$和$I_B(x)$，采集A臂光强时需要使用黑屏遮挡B臂光栅G2。

② 噪声的存在会严重降低系统的信噪比，所以校正处理中首先对干涉图及两臂光强进行降噪处理。其中，中值滤波作为一种非线性信号处理技术，其基本原理是用邻域中各点的中值来代替原点，让周围的像素值更接近真实值，从而达到消除孤立噪声点的目的。原始干涉图用中值滤波进行降噪处理后的干涉图如图5.6（a）所示，对应的复原光谱如图5.6（b）所示。分析图5.6可以发现：经噪声去除后的复原光谱的谱线分布更加平滑，对应的特征谱线也更清晰。

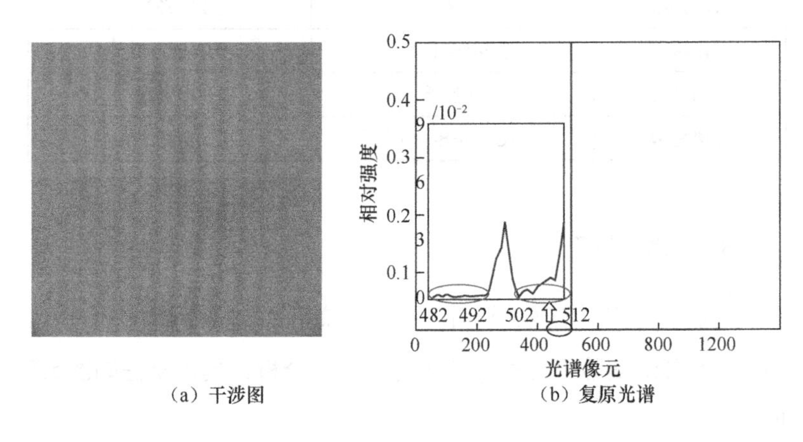

（a）干涉图　　（b）复原光谱

图5.6　Na-SHS实验平台干涉图降噪后的结果

③ 按照5.2.1小节描述的平坦度校正方法对干涉图进行平坦度校正处理，先计算修正因子$\mu(x)$，然后计算$I(x)/[I_A(x)+I_B(x)]-1$，最后将得到的计算结果除以修正因子，即得到平坦度校正处理后的干涉图分布，如图5.7（a）所示，对应的复原光谱如图5.7（b）所示。分析图5.7发现：经平坦度校正后的复原光谱的能量分布更均匀，特

征谱线振幅更突出。

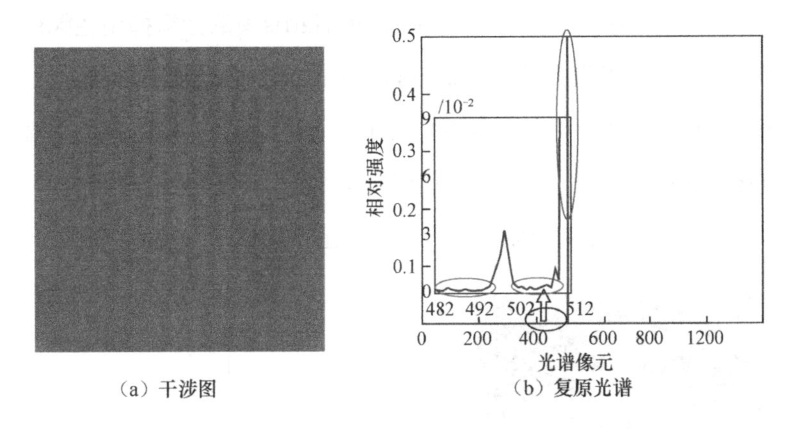

（a）干涉图　（b）复原光谱

图5.7　Na-SHS实验平台干涉图平坦度校正后的结果

④ 为了降低计算复杂度，提高校正效率，我们直接采用干涉图减去均值的方法对干涉图进行基线去除，基线去除后的干涉图如图5.8（a）所示，对应的复原光谱如图5.8（b）所示。观察图5.8可以发现：经基线去除后的复原光谱几乎消除了低频假信号对系统真实谱线的干扰。

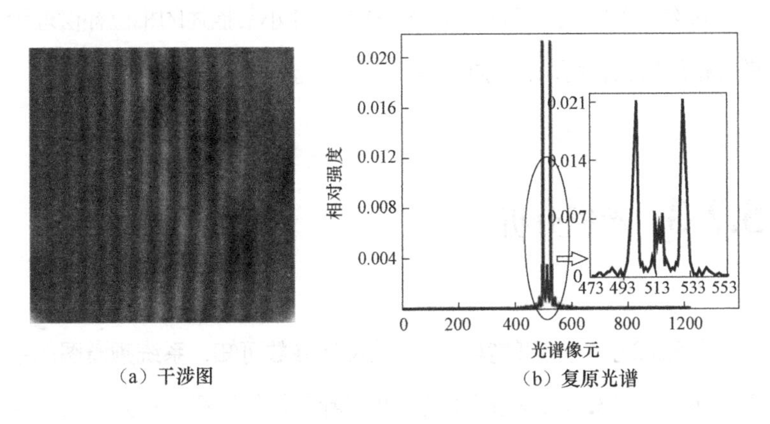

（a）干涉图　（b）复原光谱

图5.8　Na-SHS实验平台干涉图基线去除后的结果

⑤ 我们分别使用矩形窗、Hanning窗和Blackman-Harris窗对干涉图进行切趾测试后发现Blackman-Harris窗的旁瓣抑制性能最好。所以，我们选用四阶Blackman-Harris窗对干涉图进行切趾处理，得到切趾处理后的干涉图如图5.9（a）所示，对应的复原光谱如图5.9(b）所示。分析图5.9可以发现，经切趾处理后的复原光谱，可以明显看到真实光谱附近的伪谱线接近于零。

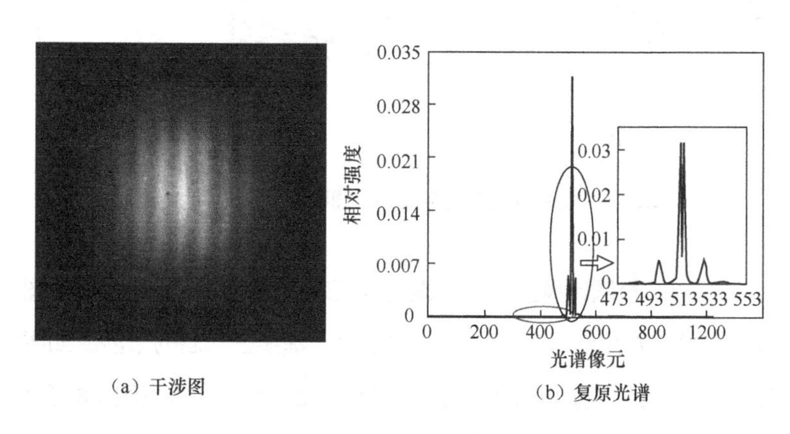

（a）干涉图　　（b）复原光谱

图5.9　Na-SHS实验平台干涉图切趾后的结果

⑥ 经过切趾处理后的干涉图按照5.2.1小节描述的相位补偿理论进行相位校正，可以得到相位校正后的干涉图和复原光谱。

5.2.3 数据分析

由5.2.2小节介绍的实验平台的设计参数可知，系统频谱图的中心坐标为（513, 0），根据实函数傅里叶变换的性质，在分析实验平台的复原光谱时仅取横轴大于或者小于513的一半数据即可。由此分别计算HeNe-SHS实验平台和Na-SHS实验平台的实际分辨极限如下。

1. HeNe-SHS实验平台干涉图校正处理与实际分辨极限计算

（1）直接对HeNe-SHS实验平台采集的干涉图［见图5.10（a）］进行反演，得到原始干涉图的复原光谱如图5.10（b）所示。

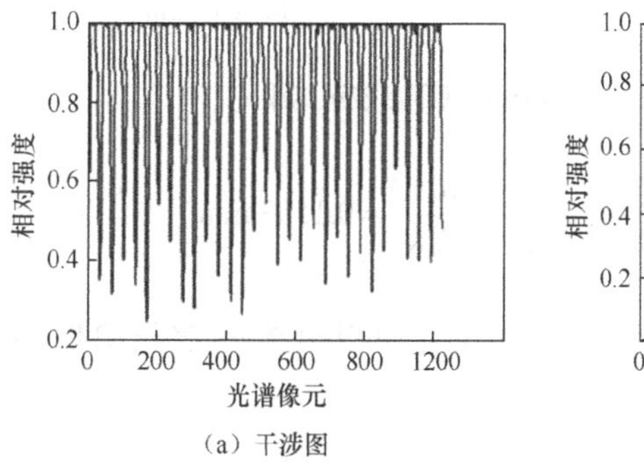

（a）干涉图

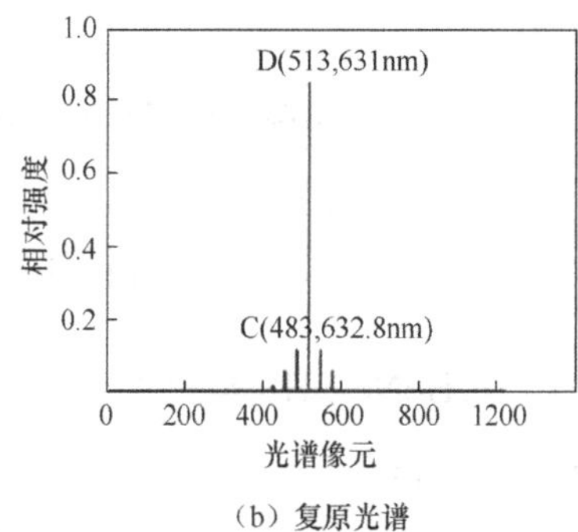

（b）复原光谱

图5.10 HeNe-SHS实验平台原始结果

（2）按照5.2.2小节描述的干涉图校正处理步骤，将HeNe-SHS实验平台采集的干涉图进行校正处理，得到校正干涉图如图5.11（a）所示。

（3）对（2）中校正后的干涉图进行反演得到HeNe-SHS实验平台的复原光谱如图5.11（b）所示。

（4）由HeNe-SHS实验平台的设计参数可知，系统的Littrow波长631nm对应的横坐标为513，而图5.11（b）中C点横坐标为483，对应的是氦氖激光器的特征波长632.8nm，所以HeNe-SHS实验平台的实际分辨极限[92]为

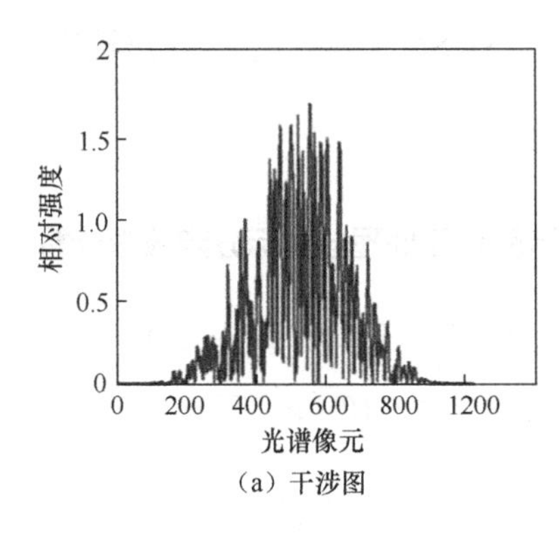

（a）干涉图

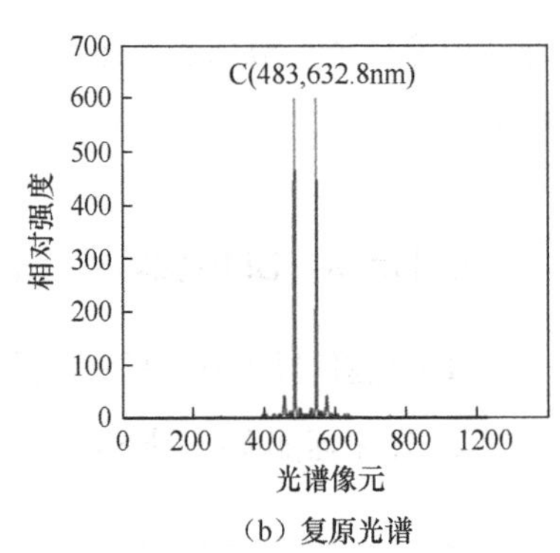

（b）复原光谱

图5.11 HeNe-SHS实验平台校正结果

$$\delta\sigma_1 = \frac{\Delta\sigma}{\Delta N} = \frac{1}{513-483} \times \left(\frac{10^6}{631} - \frac{10^6}{632.8} \right) = 0.1503\ \text{mm}^{-1} \quad (5.14)$$

即HeNe-SHS实验平台中每个像元可以分辨的波长单位为0.1503mm^{-1}。

2. Na-SHS实验平台干涉图校正处理与实际分辨极限计算

（1）直接对Na-SHS实验平台采集的干涉图［如图5.12（a）所示］进行反演，得到原始干涉图的复原光谱如图5.12（b）所示。

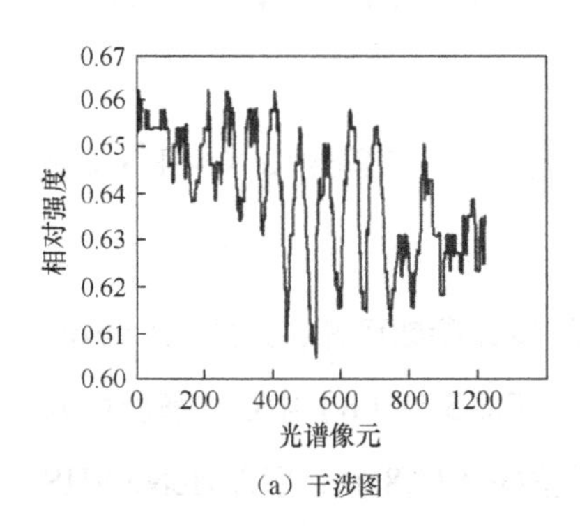

（a）干涉图

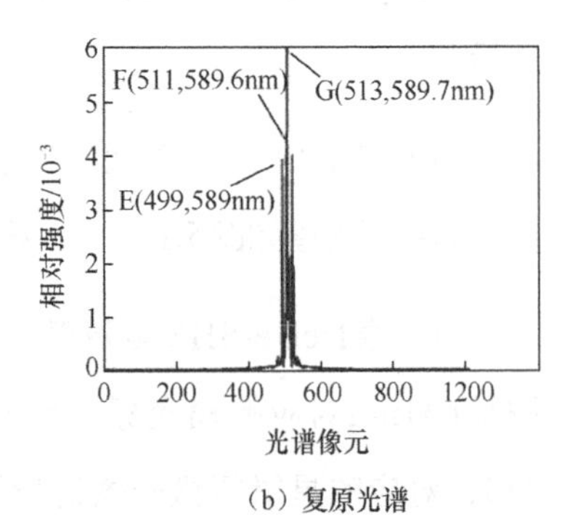

（b）复原光谱

图5.12 Na-SHS实验平台原始结果

（2）按照5.2.2小节描述的干涉图校正处理步骤，将Na-SHS实验平台采集的干涉图进行校正处理，得到校正干涉图如图5.13（a）所示。

（3）对（2）中校正后的干涉图进行反演得到Na-SHS实验平台的复原光谱如图5.13（b）所示。

（4）分析图5.13发现：经相位校正后复原光谱的谱线与原始输入的谱线特性相一致，即图5.13（b）中E点谱线强度比F点谱线强度弱。

（5）由Na-SHS实验平台的设计参数可知，系统的Littrow波长589.7nm对应的横坐标为513，而图5.13（b）中F点横坐标511，对应波长589.6nm，E点横坐标499，对应波长589nm。所以Na-SHS实验平台的实际分辨极限[92]为

$$\begin{aligned}\delta\sigma_2 &= \frac{\Delta\sigma}{\Delta N} = \frac{1}{513-511}\times\left(\frac{10^6}{589.6}-\frac{10^6}{589.7}\right)\\ &= \frac{1}{511-499}\times\left(\frac{10^6}{589}-\frac{10^6}{589.6}\right) = 0.1440\ \text{mm}^{-1}\end{aligned} \tag{5.15}$$

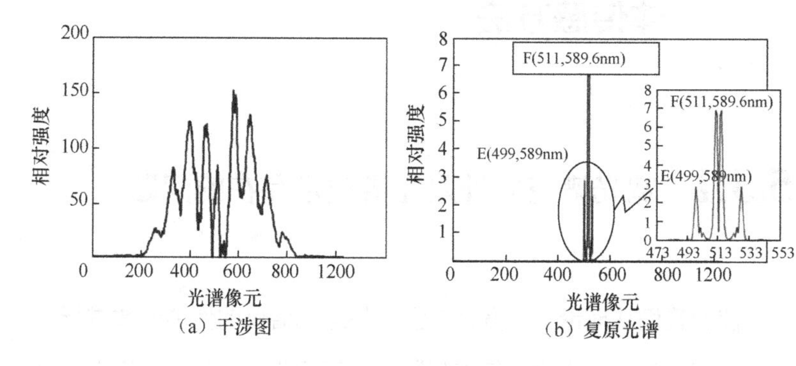

（a）干涉图　（b）复原光谱

图5.13　Na-SHS实验平台校正结果

即Na-SHS实验平台中每个像元可以分辨的波长单位为 $0.1440mm^{-1}$。

5.2.4 小结

综合上述干涉图处理结果可看出：对本实验平台而言，使用上述干涉图校正方法可有效补偿和抑制系统中的相关误差。另外，对比5.2.2小节和5.2.3小节介绍的理论和实际分辨极限可以发现：HeNe-SHS实验平台分辨极限的误差约为 $0.0004mm^{-1}$，Na-SHS实验平台分辨极限的误差约 $0.017mm^{-1}$，这说明实验平台的实际分辨极限与理论分辨极限之间具有良好的一致性；将我们测试结果与文献[90, 91]的结果进行对比，表明本书介绍的干涉图校正方法具有一定的优越性。

5.3 交互式宽光谱空间外差光谱电子鼻气体传感方法

5.3.1 宽光谱空间外差光谱技术存在的问题

前面我们从理论上对宽光谱空间外差光谱仪的性能参数进行了分析，但在实际应用中，某些限制导致可视化空间外差光谱电子鼻气体传感系统获得的干涉图不能完整地反映测试气体的光谱信息，降低了电子鼻系统的识别精度，影响其应用前景。这些限制因素主要有如下两种。

① 中阶梯光栅受制作工艺和机械加工精度的限制，其衍射效率不能像理论分析那样在峰值时达到100%，常见中阶梯光栅的峰值衍射效率为50% ～ 60%，此时光栅对每一衍射级次的临界衍射效率低于10%。因此，在实际应用中，如果仍按照理论数据计算系统的光谱范围，会严重降低系统的检测性能。

② 受CMOS技术发展的限制，探测器感应器件CCD的灰度分辨极限有一定的范围限制，即CCD对干涉图的条纹衬比度比较敏感，只有当衬比度大于某一个值时，CCD才能良好地采集到输入光源的光谱信息，而4.2.1小节介绍的理论分析中默认CCD具有非常高的光强灵敏度，而这与事实是不相符的。

基于上述限制，在不改变设备性能的情况下能否实现连续宽光谱是一个值得深入研究的问题。因此，我们设计了一种交互式宽光谱空间外差光谱电子鼻气体传感方法，其核心是设计交互式宽光谱空间外差光谱技术[120]，具体如下。

5.3.2 交互式宽光谱空间外差光谱技术的设计思路

1. 交互式宽光谱空间外差光谱技术

交互式宽光谱空间外差光谱技术的结构如图5.14所示。

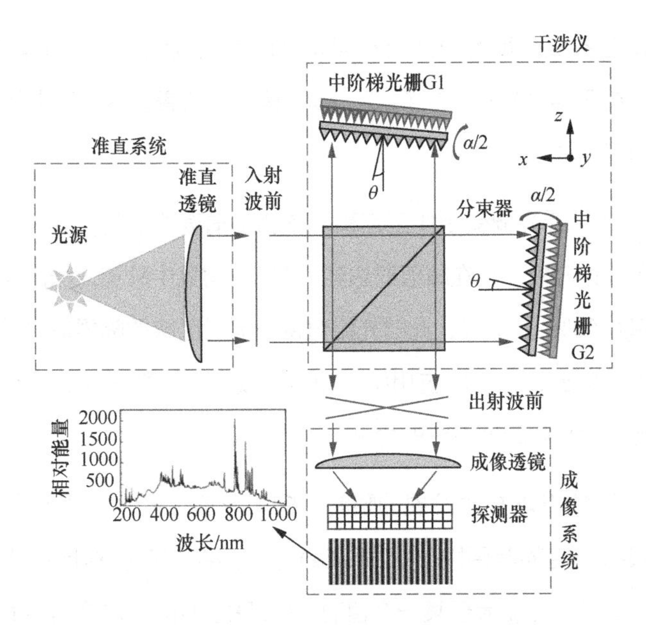

图5.14　交互式宽光谱空间外差光谱技术的结构示意

由图5.14可知，交互式宽光谱空间外差光谱技术在系统中同时加载了两组同类型的中阶梯光栅，这两组光栅具有相同的闪耀角和物理尺寸，但具有不同的刻槽密度。操作过程简单描述如下。

① 采集输入光源的干涉图。首先使用第一组中阶梯光栅进行光谱探测，采集得到输入光源的干涉图1；然后更换第二组中阶梯光栅，在其他条件不变的情况下采集得到输入光源的干涉图2。

② 获得复原光谱。分别对干涉图1和干涉图2进行逆傅里叶变换，即可以获得两组中阶梯光栅系统对应的复原光谱。

③ 得到输入光源的完整光谱。将步骤2中的复原光谱1和复原光谱2对应叠加就可以完整的呈现出输入光源所有的光谱信息。

2. 理论分析

系统参数设定为两组中阶梯光栅的闪耀角均为θ_1、物理尺寸$l \times w \times t$，中阶梯光栅的刻槽密度分别为f_{G1}和f_{G2}，且$f_{G1} = 2f_{G2}$。若不做特殊说明，CCD的像元个数不对系统的光谱范围产生影响。交互式连续宽光谱空间外差光谱技术的理论分析如下。

（1）光栅衍射效率分析。

中阶梯光栅的衍射效率是指给定光谱级次中衍射光通量与入射光通量之比，我们采用单缝衍射法测定光栅的衍射效率，定义为[121]

$$F_m(\sigma) = \sin c^2\left(\frac{\sigma - \sigma_{0m}}{\sigma_{01}}\right) \tag{5.16}$$

式中σ_{01}为光栅发生第1级次衍射时的Littrow波数，σ_{0m}为光栅发生第m级次衍射时的Littrow波数。由光栅方程定义σ_{01}和σ_{0m}分别为

$$\sigma_{01} = \frac{1}{2d\sin\theta},\quad \sigma_{0m} = \frac{m}{2d\sin\theta} \tag{5.17}$$

图5.15所示为中阶梯光栅发生第$m-1$、m、$m+1$级次衍射时的衍射效率曲线。

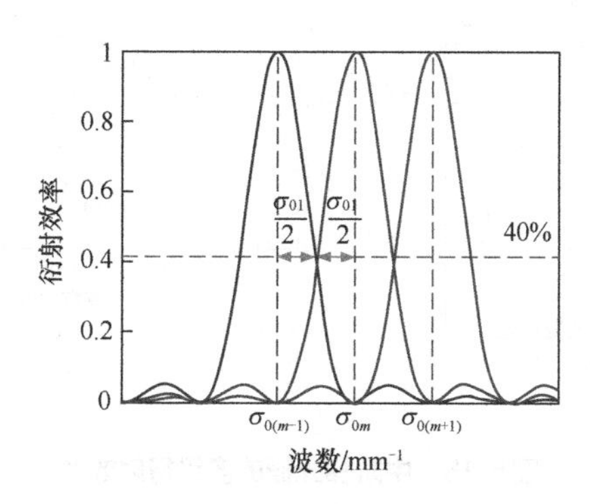

图5.15 中阶梯光栅的衍射效率

由光栅方程可知，相邻衍射级次Littrow波数差为$\Delta\sigma_{0m} = \sigma_{0(m+1)} - \sigma_{0m} = \sigma_{01}$，故中阶梯光栅每一衍射级次的有效光谱范围近似为$\Delta\sigma_{0m} \pm \sigma_{01}/2$，此时临界光谱处光栅的最低理论衍射效率为40%。

这里第一组中阶梯光栅以100～101级次衍射为例，第二组中阶梯光栅以200～202级次衍射为例进行分析。首先，由光栅方程$2\sigma_{0m}\cdot\sin\theta = m/f_G$得到两组光栅的中心波数分别为

$$\sigma_{0m,1} = \frac{mf_{G1}}{2\sin\theta}, \sigma_{0m,2} = \frac{mf_{G1}}{2\sin\theta} \tag{5.18}$$

再由光栅刻槽密度之间的关系$f_{G1} = 2f_{G2}$得到两组光栅的中心波数满足$\sigma_{0m,1} = 2\sigma_{0m,2}$，所以欲使系统的中心波数相同，则第一组光栅的衍射级次应为第二组光栅衍射级次的2倍。根据本系统的参数设定可知，第一组光栅第100与第101次衍射之间包含有第二组光栅的第201次衍射次，如图5.16所示。

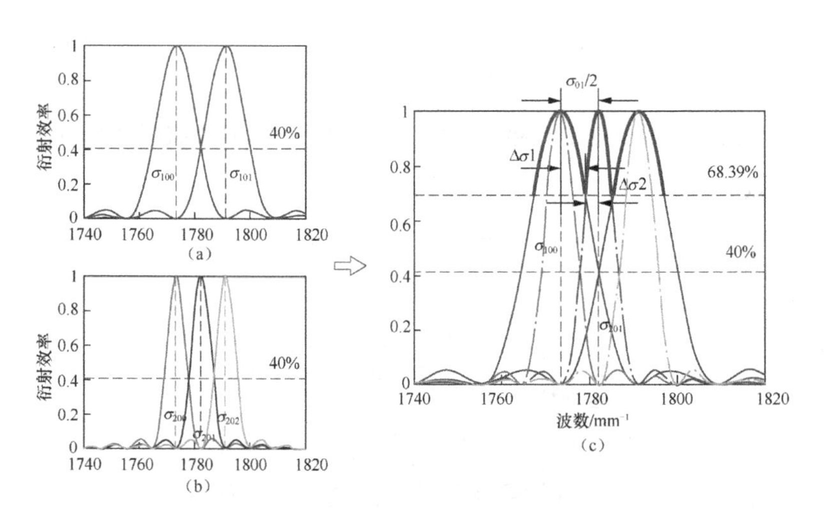

图5.16 中阶梯光栅的多级衍射效率

因此，本方法的核心思想是在第一组光栅衍射效率较低，导致系统探测的光谱范围不连续的情况下，通过第二组光栅对系统的缺失光谱进行补偿，整个过程中需要保持系统的分辨极限$\delta\sigma = 1/4W\sin\theta$不变。不妨设它们实现互补时光栅的衍射效率为$F_m$[121]，即

$$F_m = \sin c^2\left(\frac{\sigma - \sigma_{0m}}{\sigma_{01}}\right) \tag{5.19}$$

由光栅方程可知，中阶梯光栅相邻衍射级次之间的光谱范围为$\Delta\sigma = \sigma_{01} = f_G/2\sin\theta$，那么这里的两组光栅对应的光谱范围为

$$\Delta\sigma 1 = \sigma_{01,1} = \frac{f_{G1}}{2\sin\theta}, \Delta\sigma 2 = \sigma_{01,2} = \frac{f_{G2}}{2\sin\theta} \tag{5.20}$$

同理，由$f_{G1} = 2f_{G2}$计算得到$\Delta\sigma 1 = 2\Delta\sigma 2$，分别将$\Delta\sigma 1$和$\Delta\sigma 2$代入式（5.16）计算得到中阶梯光栅的衍射效率为40%。

交互式宽光谱空间外差光谱仪系统对应于两组光栅，每一组光栅的半光谱范围分别为$\Delta\sigma 1' = \sigma - \sigma_{0m,1}$和$\Delta\sigma 2' = \sigma - \sigma_{0m,2}$，根据光栅刻槽密度之间的关系存在$\Delta\sigma 1' = 2\Delta\sigma 2'$；传统型宽光谱空间外差光谱仪所选用的光栅与交互式宽光谱空间外差光谱仪的第一组光栅参数完全相同。因此，要想保证交互式宽光谱空间外差光谱仪的探测光谱为连续宽光谱，就必须保证两组光栅系统的光谱范围之和等于传统型宽光谱空间外差光谱仪的光谱范围，即存在等式

$$2\Delta\sigma 1' + 2\Delta\sigma 2' = \sigma_{01} \tag{5.21}$$

式中σ_{01}表示基本型宽光谱空间外差光谱系统对应的光谱范围，存在$\sigma_{01} = \sigma_{01,1}$，综合式（5.18）、式（5.19）、式（5.20），得到两组光栅的半光谱范围$\Delta\sigma 1'$和$\Delta\sigma 2'$分别为

$$\Delta\sigma 1' = \frac{1}{3}\sigma_{01,1} = \frac{1}{3}\times\frac{f_{G1}}{2\sin\theta} \tag{5.22}$$

$$\Delta\sigma 2' = \frac{1}{6}\sigma_{01,1} = \frac{1}{6}\times\frac{f_{G1}}{2\sin\theta} \tag{5.23}$$

将式（5.22）、式（5.23）分别代入式（5.19），得到两组光栅的临界衍射效率分别为

$$F_{m,1} = \sin c^2\left(\frac{\sigma-\sigma_{0m}}{\sigma_{01}}\right) = \sin c^2\left(\frac{\Delta\sigma 1'}{\sigma_{01,1}}\right) = \sin c^2\left(\frac{1}{3}\right) = 0.6839 \tag{5.24}$$

$$F_{m,2} = \sin c^2\left(\frac{\sigma-\sigma_{0m}}{\sigma_{01}}\right) = \sin c^2\left(\frac{\Delta\sigma 1'}{\sigma_{01,2}}\right) = \sin c^2\left(\frac{1}{3}\right) = 0.6839 \tag{5.25}$$

图5.16（c）展示了交互式宽光谱空间外差光谱系统中两组光栅的衍射效率，通过本方法的设计，可以将光栅的临界衍射效率从0.4［如图5.16（a）和图5.16（b）所示］提升到0.6839［如图5.16（c）所示］。

（2）探测器光强灵敏度对干涉图衬比度的影响。

探测器的灰度分辨极限是指CCD像元恰能分辨输入信息对比度的最小值，对本系统而言，是指CCD恰能分辨干涉条纹衬比度的最小值。由文献[122]得到干涉图衬比度的定义为

$$V = \left|\sin c\left(\frac{\Delta}{L_C}\right)\right|,\quad L_C = \frac{\lambda^2}{\Delta\lambda} \tag{5.26}$$

式中Δ为系统光程差，L_C为输入光源相干长度。当$V=1$时，表示输入光为完全相干光，此时干涉图衬比度最大；当$0<V<1$时，表示输入光为部分相干光，此时干涉图衬比度降低；当$V=0$时，表示输入光

为非相干光，此时不能产生干涉条纹。显然，输入光源能使系统产生干涉图的条件是系统光程差不大于输入光源的相干长度，即$\Delta \leqslant L_C$。

由式（5.26）可知，当$V \approx 0$时，$\Delta \leqslant L_C$，而当$\Delta\lambda$取极大值时，对应L_C取极小值。可见对光栅的某一衍射级次而言，光谱的最大取值范围受系统光程差的限制，当且仅当系统的光程差取最小值时（$\Delta_{\min} = 2\sin\theta \cdot d$），由$\Delta \approx L_C$可以得到该衍射级次最大的光谱范围。详细分析如下。

$$L_C = \frac{\lambda^2}{\Delta\lambda}, \Delta \approx L_C,\ \Delta_{\min} = 2\sin\theta \cdot d \tag{5.27}$$

计算得到光栅发生第m级衍射的光谱范围$\Delta\sigma_{0m}$为

$$\Delta\sigma_{0m} = \frac{1}{m} \cdot \sigma_{0m'} = \frac{m'}{m} \cdot \sigma_{01} \tag{5.28}$$

式中m'表示第m级次衍射的临近衍射级次。式（5.28）根据衬比度计算得到系统的光谱范围满足$\Delta\sigma_{0m} > \sigma_{01}$，即基本型宽光谱空间外差光谱的光谱范围是连续的，如图5.15所示。

在上述理论的基础上，如果系统的其他参数不变，使用交互式宽光谱空间外差光谱系统，得到每一组光栅系统的半光谱范围如式（5.22）、式（5.23）所示，分析此时系统输入光源的相干长度和干涉条纹的衬比度如下。

① 相干长度。

根据式（5.27）、式（5.28）描述的系统相干长度与光谱范围的关系，此处以光栅发生第m级次衍射为例，分析系统的相干长度。首

先系统的光谱范围为$\Delta\sigma_{01,1}$，计算得到光栅发生第m级次衍射的波长范围为

$$\Delta\lambda = \frac{1}{\sigma_{0m}} - \frac{1}{\sigma_{0m'}}, \quad \lambda = \frac{1}{\sigma_{0m}} \tag{5.29}$$

式中$\sigma_{0m'}$表示光栅发生第m级次衍射时的临界波数，对式（5.28）进行简化得到

$$L_C = \frac{1}{\sigma_{0m}} \times \frac{\sigma'_{0m}}{(\sigma'_{0m} - \sigma_{0m})} \tag{5.30}$$

而$\sigma'_{0m} = \sigma_{0m} - \Delta\sigma_{01,1}$，代入式（5.29）得到此时系统的相干长度为

$$L_C = \frac{\lambda^2}{\Delta\lambda} = \frac{\sigma_{0m} - \Delta\sigma_{01,1}}{\sigma_{0m} \cdot \Delta\sigma_{01,1}} \tag{5.31}$$

② 衬比度。

式（5.31）得到交互式宽光谱空间外差光谱仪的相干长度，而系统的相对光程差始终为$\Delta_{\min} = 2\sin\theta / f_G$，那么将式（5.31）代入式（5.26）简化得到系统的衬比度为

$$V = \left|\sin c\left(\frac{\Delta}{L_C}\right)\right| = \left|\sin c\left(\frac{2m}{3m-1}\right)\right| \tag{5.32}$$

3. 交互式宽光谱空间外差光谱仪性能分析

若第一组中阶梯光栅的刻槽密度设定为$f_{G1} = 31.6$（l/mm），第二组中阶梯光栅的刻槽密度设定为$f_{G2} = 15.8$（l/mm），两组中阶梯光栅的物理尺寸$l \times w \times t$为$12.5 \times 25 \times 9.5$ mm，闪耀角为63°。那么系统

的基本参数如下。

（1）分辨极限。

根据4.2.1小节介绍的分辨极限$\delta\sigma = 1/4W\sin\theta$可知，系统的分辨极限与光栅的有效尺寸和衍射角有关。而本章提出的交互式宽光谱空间外差光谱仪除了中阶梯光栅的刻槽密度不同外，其他参数均相同。所以，两光栅系统的分辨极限相同，均为

$$\delta\sigma_1 = \delta\sigma_2 = \frac{1}{4W\sin\theta} \tag{5.33}$$

（2）光谱范围。

由式（5.22）、式（5.23），结合上述参数计算得到第一组、第二组光栅系统的光谱范围分别为

$$\begin{aligned} &\Delta\sigma 1 = \Delta\sigma 1' = 2\Delta\sigma 2' = \frac{2}{3}\sigma_{01,1} \\ &\Delta\sigma 2 = \Delta\sigma 2' = \frac{2}{3}\sigma_{01,2} \end{aligned} \tag{5.34}$$

式中$\Delta\sigma 1$为第一组光栅的光谱范围，$\Delta\sigma 2$为第二组光栅的光谱范围。

由于基本型宽光谱空间外差光谱的光谱范围为σ_{01}，对应光栅的临界衍射效率为40%，那么第一组光栅系统的实际光谱范围为$2\sigma_{01}/3$，第二组光栅系统的实际光谱范围为$\sigma_{01}/3$，显然两组系统的光谱范围之和恰为基本型宽光谱空间外差光谱的光谱范围σ_{01}，对应交互式光栅的临界衍射效率为68.39%，远高于与基本型光栅的临界衍射效率40%。上述关系保证了交互式宽光谱空间外差光谱技术在实际应用中，在光栅衍射效率较低的情况下，每一衍射级次光谱范围的临界值对应于光栅的衍射效率相对较高。

（3）系统干涉图衬比度分析。

当系统的作用波段为紫外到红外波段时，中阶梯光栅的衍射级次$m > 20$，则由式（5.32）计算得到交互式宽光谱空间外差光谱仪输出干涉图的衬比度为

$$V = \left|\sin c\left(\frac{\Delta}{L_C}\right)\right| = \left|\sin c\left(\frac{2}{3}\right)\right| = 0.4135 \tag{5.35}$$

同理，计算得到光栅临界衍射效率为40%时，干涉图的衬比度约为0.0035。分析上述系统参数可以发现交互式宽光谱空间外差光谱仪系统存在如下性质：

① 该系统有效地避免了广谱场景中相邻衍射级的混叠；

② 按光栅的衍射顺序缩小光栅的工作光谱范围，有效利用了光栅的高衍射效率区域；

③ 有效增大了干涉条纹的对比度，降低系统对图像采集器件（CCD）光强灵敏度的要求。

（4）实例分析。

交互式宽光谱空间外差光谱技术理论分析了交互式宽光谱空间外差光谱仪满足光谱连续性的特点，我们设定参数从具体实例的角度进行分析。

① 基本型宽光谱空间外差光谱仪的光谱范围。

设基本型宽光谱空间外差光谱仪的基本参数与交互式宽光谱空间外差光谱仪中第一组光栅系统的参数相同，在不考虑光栅衍射效率和CCD亮度分辨极限影响的情况下，计算得到基本型宽光谱空间外差

光谱仪的分辨极限和光谱范围为

$$\delta\sigma = \frac{1}{4W\sin\theta} = \frac{1}{4\times25\times\sin63^{\circ}} = 0.01122\ \text{mm}^{-1} \tag{5.36}$$

$$\Delta\sigma = \sigma_{01} = \frac{f_{G1}}{2\sin\theta} = \frac{31.6}{2\times\sin63^{\circ}} = 17.73275\ \text{mm}^{-1} \tag{5.37}$$

② 交互式宽光谱空间外差光谱仪的光谱范围。

在考虑光栅衍射效率和CCD灰度分辨极限影响的情况下，计算得到交互式宽光谱空间外差光谱仪的光谱范围如下。

由式（5.37）得到第一组光栅系统的光谱范围为

$$\Delta\sigma1 = \frac{2}{3}\times\sigma_{01} = \frac{f_{G1}}{3\sin\theta} = \frac{31.6}{3\times\sin63^{\circ}} = 11.82184\ \text{mm}^{-1} \tag{5.38}$$

同理，得到第二组光栅系统的光谱范围为

$$\Delta\sigma2 = \frac{2}{3}\times\sigma'_{01} = \frac{f_{G2}}{3\sin\theta} = \frac{15.8}{3\times\sin63^{\circ}} = 5.91092\ \text{mm}^{-1} \tag{5.39}$$

此时，交互式宽光谱空间外差光谱仪的光谱范围为

$$\Delta\sigma_{New} = \Delta\sigma1 + \Delta\sigma2 = 11.82184 + 5.91092 = 17.73276\ \text{mm}^{-1} \tag{5.40}$$

显然，交互式宽光谱空间外差光谱仪的光谱范围与基本型宽光谱空间外差光谱仪的光谱范围完全相同，既保证了系统探测光谱的连续性，又降低了设备对空间外差光谱检测精度的限制。

5.3.3 交互式宽光谱空间外差光谱技术仿真实验

本章介绍的交互式宽光谱空间外差光谱技术的基本参数如表5.2

所示。

表5.2　交互式宽光谱空间外差光谱技术的基本参数

类型	参数	第一组光栅系统	第二组光栅系统
光栅	f_G/l/mm	31.6	15.8
	θ/°	63	63
系统	*size*/mm	25×12.5×9.5	25×12.5×9.5
	Tiltangle/°	0.54	0.54
	$\delta\sigma$/mm^{-1}	0.03366	0.03366
探测器	N_x	3160	3160
	N_y	1120	2240
	d_{pixel}/μm	4.3	4.3

表5.2中f_G为光栅的刻槽密度，θ为光栅的闪耀角，*size*为光栅的物理尺寸$l\times w\times t$，*tiltangle*为光栅绕x轴的旋转角度，$\delta\sigma$为系统的分辨极限，N_x表示x轴上的像元个数，N_y表示y轴上的像元个数，d_{pixel}表示CCD的像元尺寸。

由上述参数得到第一组光栅系统的频谱中心为$(N_x/2, N_y/2) = (1581, 561)$，根据实函数的傅立叶变换性质，分析时取纵轴大于或者小于561的空间数据即可；同理，第二组光栅系统的频谱中心为$(N_x/2, N_y/2) = (1581, 1121)$，分析时取纵轴大于或者小于1121的一半数据即可。而光栅的倾斜角度不妨取为$\alpha \geqslant 0.44°$，保证相邻衍射级之间至少存在两条采样间隔。实际实验中，为提升计算精度，我们设计系统的分辨极限为0.03366mm^{-1}。

1. 两组光栅系统的定标实验

我们选取钠光灯作为定标光源对交互式宽光谱空间外差光谱仪

进行定标测试。图5.17（a）、图5.17（c）所示分别为钠光灯对应于第一组光栅系统$f_{G1}=31.6$ (l/mm)和第二组光栅系统$f_{G2}=15.8$(l/mm）的干涉图；图5.17（b）、图5.17（d）所示分别为两组干涉图的复原光谱图，图中x轴反映每一衍射级的光谱分布，y轴反映输入光源的衍射级次分布，z轴反映谱线的光谱强度。图5.17（b）中复原光谱的谱线位置为A1（波长：589.6nm。坐标：$(x, y, z) = (911, 922, 0.1684)$），B1（波长：589nm。坐标：$(x, y, z)=(1095, 922, 0.1177)$）；图5.17(d)中复原光谱的谱线位置为A2（波长：589.6nm。坐标：$(x, y, z) = (1857, 1839, 0.1731)$），B2（波长：589nm。坐标：$(x, y, z) = (2041, 1839, 0.1539)$）。

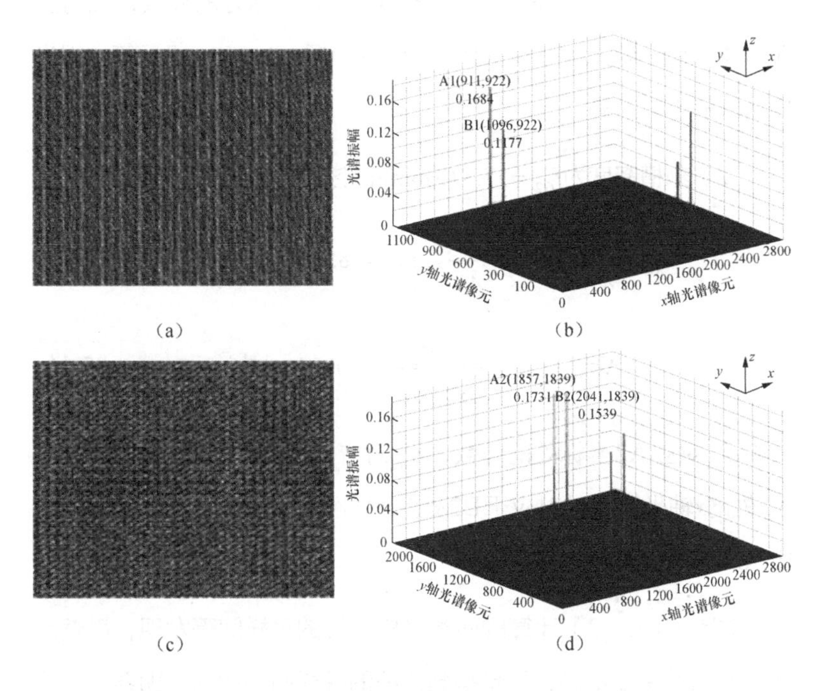

图5.17　定标实验仿真实验图

钠光灯的特征波长分别为589nm、589.6nm，对第一组光栅系统而言，由光栅方程可知其衍射级次为$m=100$；而第二组光栅系统的衍射级次为$m=200$。根据坐标位置与入射波数的关系计算第一组光栅系统和第二组光栅系统的采样间隔$\Delta\sigma_{sample}$如下[36, 104]。

（1）刻槽密度为$f_{G1}=31.6$ (l/mm)的空间外差光谱仪系统。

$$\sigma_{A1}=\frac{1}{\lambda_{A1}}，\ \sigma_{B1}=\frac{1}{\lambda_{B1}}，\ x_{A1}=911，\ x_{B1}=1095 \tag{5.41}$$

$$\Delta\sigma_{1-sample}=\frac{\sigma_{A1}-\sigma_{B1}}{x_{A1}-x_{B1}}=0.0094\ \mathrm{mm}^{-1} \tag{5.42}$$

式中σ_{A1}对应A1坐标处的波数，σ_{B1}对应B1坐标处的波数，x_{A1}对应A1处的x轴坐标，x_{B1}对应于B1处的x轴坐标，$\Delta\sigma_{1-sample}$表示第一组光栅系统的采样间隔。

（2）刻槽密度为$f_{G2}=15.8$ (l/mm)的空间外差光谱仪系统。

$$\sigma_{A2}=\frac{1}{\lambda_{A2}}，\ \sigma_{B2}=\frac{1}{\lambda_{B2}}，\ x_{A2}=1857，\ x_{B2}=2041 \tag{5.43}$$

$$\Delta\sigma_{2-sample}=\frac{\sigma_{A2}-\sigma_{B2}}{x_{A2}-x_{B2}}=0.0094\mathrm{mm}^{-1} \tag{5.44}$$

式中σ_{A2}对应A2坐标处的波数，σ_{B2}对应B2坐标处的波数，x_{A2}对应A2处的x轴坐标，x_{B2}对应于B2处的x轴坐标，$\Delta\sigma_{2-sample}$表示第一组光栅系统的采样间隔。

对比（1）、（2）计算的两类光栅系统的采样间隔发现，虽然两光栅的刻槽密度不同，但是得到系统的采样间隔相同，即系统的分辨极限相同。

2. 两组光栅系统相邻衍射级次双波数光源的仿真分析

（1）第一、二组光栅系统的光谱范围分布。

假设第一组光栅系统中中阶梯光栅的衍射级次分别为99和100，第二组光栅系统中中阶梯光栅的衍射级次分别为198、199和200。那么，计算得到两组光栅系统的光谱范围如表5.3和表5.4所示。

表5.3　第一组光栅系统的光谱范围

衍射级次	99	100
光谱范围/mm^{-1}	[1749.6318, 1761.4536]	[1767.3645, 1779.1864]

表5.4　第二组光栅系统的光谱范围

衍射级次	198	199	200
光谱范围/mm^{-1}	[1752.5872, 1758.4982]	[1761.4536, 1767.3645]	[1770.32, 1776.2309]

表5.3从计算的角度分析了系统的光谱范围，其中第一组光栅系统在第99级衍射时的光谱范围为[1749.6318, 1761.4536]，在第100级衍射时的光谱范围为[1767.3645, 1779.1864]。

表5.4中展示的第二组光栅系统在第199级衍射时的光谱范围为[1761.4536, 1767.3645]，对比两组数据发现，第二组光栅系统在199级衍射时的光谱范围恰好填补了第一组光栅系统在第99个和第100个级衍射次的光谱范围的不连续性。

（2）第一、二组光栅系统的光谱范围。

分别选择第一组光栅系统的第99、第100级次衍射的临界光谱和第二组光栅系统的第199级次衍射光临界光谱作为交互式宽光谱空间外差光谱仪的输入，仿真得到两光栅系统的干涉图如图5.18（a）和图5.18（c）所示，对应的复原光谱如图5.18（b）和图5.18（d）所示。

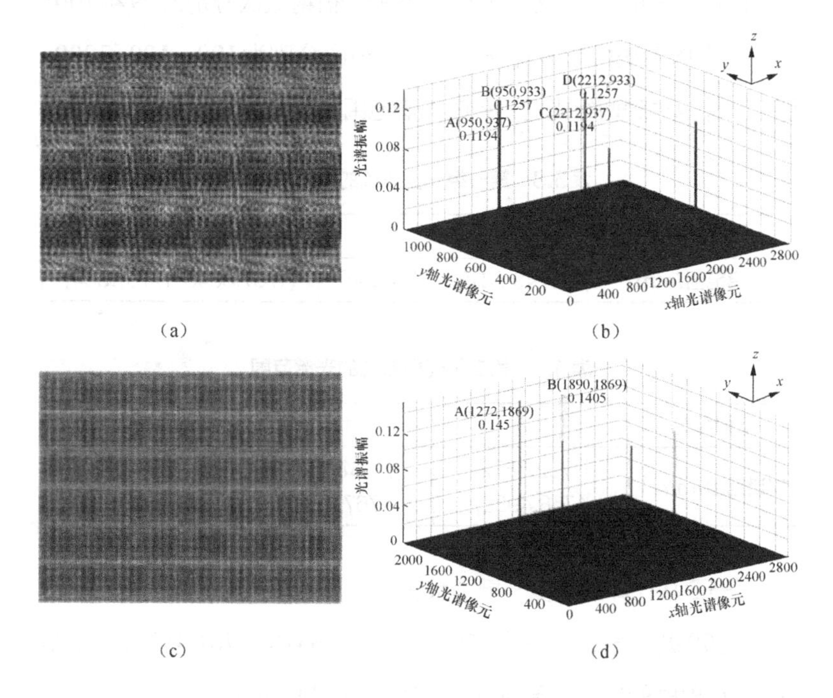

图5.18　交互式宽光谱空间外差光谱仪光谱范围

图5.18（b）标识了第一组光栅系统$f_{G1}=31.6(l/mm)$相邻两衍射级的光谱范围，其光谱位置分别为A(950, 937, 0.1194)、B(950, 933, 0.1257)、C(2212, 937,0.1194)、D(2212, 933, 0.1257)；图5.18（d）标识了第二组光栅系统$f_{G2}=15.8(l/mm)$的光谱范围，其光谱位置分别为A(1272, 1869, 0.145)、B(1890, 1869, 0.1405)。针对这些参数分析如下。

① 第一组数据分析。

前文介绍的两组光栅系统的定标实验，计算得到系统频谱的采样间隔为0.0094mm^{-1}，由A、B、C、D四点坐标可以判断B、D两点为第99衍射级，A、C两点为第100衍射级。各位置的特征波数分别为

$$\sigma_B = \sigma_{099} - \Delta\sigma_{sample} \times (N_B - 1581) = 1749.6177\text{mm}^{-1} \tag{5.45}$$

$$\sigma_D = \sigma_{099} - \Delta\sigma_{sample} \times (N_D - 1581) = 1761.4677\text{mm}^{-1} \tag{5.46}$$

$$\sigma_A = \sigma_{0100} - \Delta\sigma_{sample} \times (N_A - 1581) = 1767.3504\text{mm}^{-1} \tag{5.47}$$

$$\sigma_C = \sigma_{0100} - \Delta\sigma_{sample} \times (N_C - 1581) = 1779.2005\text{mm}^{-1} \tag{5.48}$$

上述位置对应的波长分别为$\lambda_A = 565.8187\text{nm}$、$\lambda_C = 562.0502\text{nm}$、$\lambda_B = 571.5534\text{nm}$、$\lambda_D = 567.7084\text{nm}$。对第一组光栅系统而言，其第99衍射级对应的光谱范围为[567.7084,571.5534]，第100衍射级对应的光谱范围为[562.0502,565.8187]。

② 第二组数据分析。

同理，根据5.3.3小节得到系统频谱的采样间隔为0.0094mm^{-1}，计算A、B两点坐标对应的特征波数分别为

$$\sigma_A = \sigma_{0199} - \Delta\sigma_{sample} \times (N_A - 1581) = 1761.5076\text{mm}^{-1} \tag{5.49}$$

$$\sigma_B = \sigma_{0199} - \Delta\sigma_{sample} \times (N_B - 1581) = 1767.3100\text{mm}^{-1} \tag{5.50}$$

所以，两位置对应的波长分别为$\lambda_A = 567.6955\text{nm}$、$\lambda_B = 565.5076\text{nm}$。可见对第二组光栅系统而言，其第199衍射级对应的光谱范围为[565.8315, 567.6955]。

③ 第一、二组光栅系统的光谱范围对比。

由①得到第一组光栅系统在第99和100衍射级的光谱范围为[562.0502, 565.8187]和[567.7084, 571.5534]，相邻两级的不连续光谱范围为[565.8137, 567.7084]，而第二组光栅系统在199衍射级的光谱范围为[565.8315, 567.6955]，可见两组光栅系统恰能实现光谱的连续性探测。

（3）交互式宽光谱空间外差光谱仪所用光栅的临界衍射效率和条纹衬比度。

① 中阶梯光栅的衍射效率。

由光栅衍射效率公式（5.16），计算得到系统在第100级衍射的临界光谱处的衍射效率为

$$\begin{aligned} F_{100}(\sigma) &= \sin c^2\left(\frac{\sigma-\sigma_{0100}}{\sigma_{01}}\right) \\ &= \sin c^2\left(\frac{1767.35-1773.28}{17.3278}\right) = 0.6694 \end{aligned} \tag{5.51}$$

② 干涉条纹衬比度。

同理，由干涉条纹衬比度公式（5.25），计算得到系统的衬比度为

$$\begin{aligned} L_C &= \frac{\lambda_{100}^2}{\Delta\lambda_{100}} = \frac{563.9282^2}{3.77}\,\text{mm} = 0.0844\ \text{mm} \\ \Delta &= \frac{2\sin 63°}{31.6} = 0.0564\ \text{mm} \end{aligned} \tag{5.52}$$

$$V = \left|\sin c\left(\frac{\Delta}{L_C}\right)\right| = \left|\sin c\left(\frac{0.0564}{0.0844}\right)\right| = 0.4113 \tag{5.53}$$

3. 两组光栅系统多衍射级光源的仿真分析

前文从仿真的角度验证交互式宽光谱空间外差光谱仪能够对连续光谱进行识别，但是输入光源的波段仅仅为对应系统的某几个衍射级次，所以这里选择宽光谱光源对系统进行仿真分析。

图5.19（a）、图5.19（c）所示为输入光源对应第一、二组光栅系统的干涉图，图5.19（b）、图5.19（d）标识了输入光源分别对应第一、二组光栅系统的复原光谱，其中图5.19（b）对应的光谱位置分别为A(1154, 1080, 0.1549)、B(1901, 1012, 0.1977)、C(1794, 862, 0.1253)、D(1688, 749, 0.162)，对应的衍射级分别为160、120、80、50；图5.18（d）对应的光谱位置分别为A(1368, 2162,

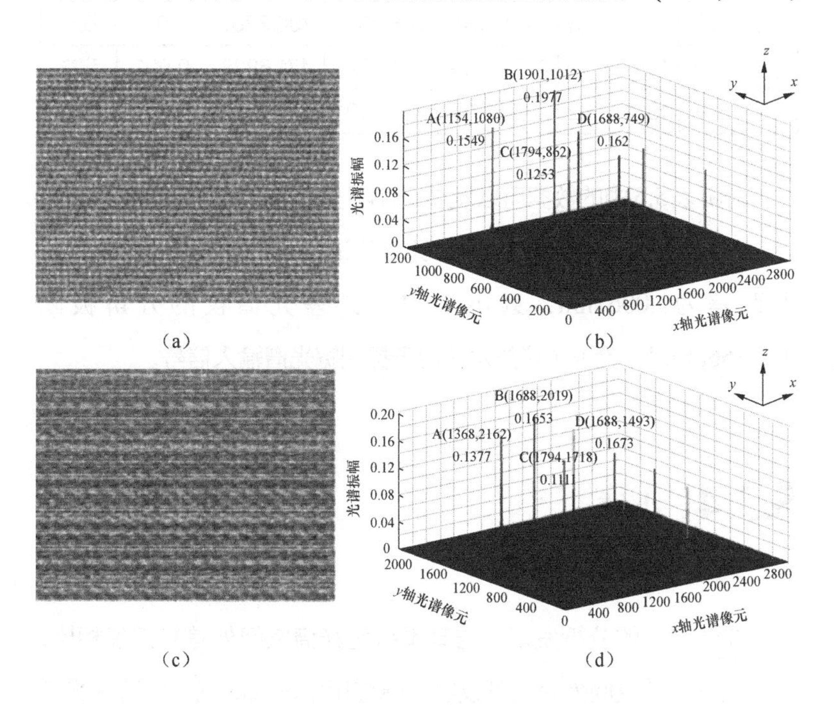

图5.19 交互式宽光谱空间外差光谱仪光谱范围

0.1377)、B(1688, 2019, 0.1653)、C(1794, 1718, 0.1111)、D(1688, 1493, 0.1673)，对应的衍射级分别为319、239、159、99。

上述数据分析结果如表5.5所示。

表5.5　交互式宽光谱空间外差光谱仪对应宽光谱光源的实验数据

组别	衍射级次	坐标	波数	计算波长	理论波长	波长误差	光波属性
第一组	50	1688,749	887.6344	1126.580	1126.585	−0.005	近红外
	80	1794,862	1420.6204	703.9200	703.9200	0	红光
	120	1901,1012	2130.9305	469.278	469.279	−0.001	青光
	160	1154,1080	2841.2407	351.958	351.959	−0.001	近紫外
第二组	99	1688,1493	878.7761	1137.9463	1137.9524	0.0061	近红外
	159	1794,1718	1411.7540	708.3387	708.3387	0	红光
	239	1688,2019	2120.0689	471.6828	471.6838	0.001	青光
	319	1368,2162	2830.3744	353.3101	353.3101	0	近紫外

分析表5.5中的数据可以发现：使用交互式连续宽光谱空间外差光谱仪对宽光谱光源进行实验，计算理论波长与输入波长之间的最大误差为0.0061nm，远小于空间外差光谱仪的分辨极限0.03366mm^{-1}，验证了该技术可用于探测宽光谱输入信号。

5.3.4 小结

综合前面的分析发现，与基本型宽光谱空间外差光谱仪相比，交互式宽光谱空间外差光谱仪在实际应用中不仅降低了中阶梯光栅衍射效率低对光谱范围的影响，而且可以得到具有较高条纹衬比度的干涉图，降低了空间外差光谱仪对CCD光强灵敏度的要求。

5.4 本章小结

为改善可视化空间外差光谱电子鼻气体传感系统中光谱探测模块的性能，我们针对性地提出了两种优化方法，这些方法均针对性地解决了空间外差光谱技术在实际应用中遇到的瓶颈，具体如下。

方法一从算法的角度对空间外差光谱的输出数据进行分析，提出了空间外差光谱技术的干涉图校正方法。为验证方法的有效性，我们搭建了相应的实验平台，并使用上述方法对实测数据进行分析，结果显示HeNe-SHS实验平台和Na-SHS实验平台的实测分辨极限与理论值之间具有良好的吻合性（HeNe-SHS实验平台分辨极限误差为0.0004mm^{-1}，Na-SHS实验平台分辨极限误差为0.016mm^{-1}），表明我们提出的干涉图校正方法可以有效抑制空间外差光谱中的各种干扰和畸变，具有较高的普适性。

方法二从硬件设计的角度，针对基本型宽光谱空间外差光谱电子鼻受光栅衍射效率和探测器光强灵敏度的限制，提出了交互式宽光谱空间外差光谱电子鼻气体传感方法。首先从理论上论证了当输入为连续宽光谱时，交互式宽光谱空间外差光谱技术对光栅和探测器的应用需求；然后对系统的性能进行仿真分析，结果表明：交互式宽光谱空间外差光谱仪中光栅的临界衍射效率高于68.39%，输出干涉图的衬比度可达0.4135。另外，交互式宽光谱空间外差光谱仪对不同光源（钠灯、窄光谱光源、宽光谱光源）的实测分辨率均值为0.0314mm^{-1}，与系统的理论分辨率0.03366mm^{-1}十分接近，验证了交互式宽光谱空间外差光谱技术的有效性。

第6章 总结与展望

6.1 总结

在人工智能技术蓬勃发展的今天，越来越多的人工智能化产品应用到我们的工作和生活中。作为人工嗅觉技术的代表，电子鼻能客观、准确地反映气味的特征信息，为人类探索由气味揭示事物的本质、预警危险和疾病检测提供了可能。因此，电子鼻的研究受到了许多机构的重视，但常规电子鼻由于其核心的气体传感系统仍不完善，如传感阵列规模小导致气体检测种类有限、构成电子鼻传感阵列的传感器响应/恢复时间长、易中毒等。复合光吸收气体传感技术具有响应/恢复速度快、选择性好、寿命长等优点，且光自身又具有较好的广泛响应性和交叉敏感性，满足电子鼻对其气体传感阵列的要求。因此，将复合光吸收气体传感技术引入电子鼻承担其核心的气体传感任务具有巨大的潜能。

我们旨在探索面向电子鼻的复合光吸收气体传感方法，将复合光吸收气体传感技术引入电子鼻实现气体传感，以改善常规电子鼻气体传感阵列规模小、响应/恢复时间长的问题。围绕上述目标，本书进行了详细介绍，具体如下。

① 针对现有电子鼻气体传感阵列存在的阵列规模小，传感器响应/恢复时间长等问题，我们探索将复合光吸收气体传感技术引入电子鼻，具体提出了基于光栅光谱技术的电子鼻气体传感方法，该方法不仅获得了稳定的、能够反映气体本质属性的传感数据作为气体定性/定量分析的依据，且新型气体传感方法的传感时间仅为36s，阵列规模达到1957×1，大大突破了现有电子鼻在传感阵列规模以

及响应/恢复时间等方面的限制。

② 在探索将复合光吸收气体传感技术引入电子鼻的过程中，普通光栅光谱技术难以兼具宽光谱与超高光谱分辨率，限制了传感系统对精细峰状光谱的检测。为进一步改善电子鼻的气体传感性能，我们首次提出将兼具宽光谱和超分辨的空间外差光谱技术引入电子鼻，提出了基于空间外差光谱技术的可视化电子鼻气体传感方法，测试实验验证了该方法的可行性和有效性。另外，为提升系统的数据处理效率，根据响应图谱具有多尺度、多方向分布的特点，引入小波包变换的图像特征提取方法，测试结果表明该方法可有效降低系统数据处理的复杂度。此外，该方法的传感阵列规模达到 600×1400，光谱分辨率为 $0.014mm^{-1}$，明显改善了现有电子鼻的传感阵列规模和分辨特性（普通光学电子鼻的光谱分辨率约为 $1.5mm^{-1}$）。

③ 针对光学电子鼻气体传感系统在实际应用中受环境温度、气压、杂散光、电子噪声等造成的干扰问题，我们将LSSVM方法引入光学电子鼻干扰抑制中。与现有方法相比，该方法不仅有效缓解了各种干扰对测试数据的影响，保留了原始数据的波形、相对极值和宽度信息等，且校正后同类气体的传感数据表现出良好的一致性，验证了本方法的有效性和优越性。另外，校正数据与标准数据的归一化相关系数也提高到了0.99，大大增强了系统的稳健性。

④ 为降低环境噪声、器件表面污染、光路调节误差和设备性能参数对基于空间外差光谱技术的电子鼻气体传感系统的影响，我们分别提出了空间外差光谱技术的干涉图校正方法和交互式宽光谱空

间外差光谱电子鼻气体传感方法。前者可有效去除气体传感系统中的各种干扰和畸变，将光谱探测的分辨极限误差降低到0.016mm^{-1}以下，增强了系统的稳健性；后者可将中阶梯光栅的临界衍射效率从40%提升到68%，同时能够将系统输出干涉图的最低衬比度从0.0035提高到0.41，显著降低了传感系统对中阶梯光栅、探测器等设备的要求。

6.2 存在的问题和工作的展望

我们的研究初步完成了将复合光吸收气体传感技术引入电子鼻承载其核心的气体传感任务的可行性论证，并针对上述应用中存在的数据处理、特征提取、干扰抑制和设备性能限制等方面的问题提出了解决方法。

我们下一步研究工作可以围绕以下内容展开。

① 对光学电子鼻传感系统的稳定性进行提升，并对更多种类、更低浓度的气体进行检测，以满足电子鼻对其气体传感系统的要求，充分发挥光吸收气体传感技术在承载电子鼻核心传感任务方面的优势。

② 受实验器材的限制，我们仅考虑了室内常见污染气体的检测，测试波段为240nm ~ 650nm。实际上，气体的吸收光谱遍布紫外-可见-红外波段，并且大多数气体在红外波段的吸收能力更强。因此，后续工作需要增加气体的测试种类和测试波段，逐步建立更为

完善的光学电子鼻/可视化空间外差光谱电子鼻气体信息数据库。

③ 由于连续宽光谱空间外差光谱仪受系统视场角、光栅衍射效率等方面的限制，后续研究需要围绕视场角展宽等问题开展研究。

④ 目前，应用于电子鼻气体传感系统的数据处理方法仍不够完善，尤其是特征提取算法和干扰抑制算法等。因此，后续我们还将围绕这类问题展开研究，以提出性能更加优良的算法。另外，针对实际应用中各种环境因素对系统产生的影响，还需要进一步研究，以增强系统的稳健性和容错能力。

参考文献

[1] 骆德汉. 仿生嗅觉原理、系统及应用[M]. 北京: 科学出版社, 2012.

[2] 贾鹏飞. 面向伤口感染检测的电子鼻智能数据处理算法研究[D]. 重庆: 重庆大学, 2014.

[3] PERSAUD K, DODD G. Analysis of discrimination mechanisms in the mammalian olfactory system using a model nose [J]. Nature, 1982, 299(5881): 352-355.

[4] GARDNER J W, BARTLETT. PHILIP N. A brief history of electronic noses [J]. Sensors and Actuators B: Chemical, 1994, 18(19): 211-215.

[5] 梁志芳. 电子鼻系统中干扰抑制算法的研究[D]. 重庆: 重庆大学, 2017.

[6] 李丹. 硫铁化物体系下典型卤代阻燃剂的非生物降解过程与机制[D]. 北京: 中国科学院大学, 2017.

[7] WOJNOWSKI W , MAJCHRZAK T, DYMERSKI T , *et al.* Portable electronic nose based on electrochemical sensors for food quality assessment [J]. Sensors, 2017, 17(12): 2715.

[8] WOJNOWSKI W., MaJCHRZAK T., DYMERSKI T., *et al.* Electronic noses: powerful tools in meat quality assessment [J]. Meat Science, 2017, 131(9): 119-131.

[9] QIU S , WANG J . The prediction of food additives in the fruit juice based on electronic nose with chemometrics [J]. Food Chemistry, 2017, 230(9): 208-214.

[10] KODOGIANNIS V S, LYGOURAS J N, TARCZYNSKI A, *et al.* Artificial odor discrimination system using electronic nose and neural networks for the identification of urinary tract infection [J]. IEEE Trans. Information Technology in Biomedicine, 2008, 12(6): 707-713.

[11] COVINGTON J A, WESTENBRINK E W, OUARET N, *et al.* Application of a novel tool for diagnosing bile acid diarrhoea [J]. Sensors, 2013, 13(9): 899-912.

[12] SZULCZYNSKI B, GEBICKI J. Currently commercially available chemical sensors employed for detection of volatile organic compounds in outdoor and indoor air [J]. Environments, 2017, 21(4): 1-15.

[13] 李建昌，韩小波，姜永辉等. 金属氧化物半导体薄膜气敏机理研究进展 [J]. 功能材料与器件学报，2011, 17(2): 205-217.

[14] 傅中君，周根元，陈鉴富. 金属氧化物气体传感器的非线性处理方法 [J]. 传感技术学报，2013, 26(9): 1188-1192.

[15] DOSSI N, TONIOLO R, PIZZARIELLO A, *et al*. An electrochemical gas sensor based on paper supported room temperature ionic liquids [J]. Lab on A Chip, 2012, 12(1): 153-158.

[16] LIM C, WANG W, YANG S, *et al*. Development of SAW-based multi-gas sensor for simultaneous detection of CO2 and NO2 [J]. Sensors and Actuators B: Chemical, 2011, 154(1): 9-16.

[17] ZEE F, JUDY J W. Micromachined polymer-based chemical gas sensor array [J]. Sensors and Actuators B: Chemical, 2001, 72(2): 120-128.

[18] WILSON A D, MANUELA B. Applications and advances in electronic-nose technologies [J]. Sensors, 2009, 9(7): 5099-5148.

[19] SEO M H, YUASA M, KIDA T, *et al*. Gas sensing characteristics and porosity control of nanostructured films composed of TiO2 nanotubes [J]. Sensors and Actuators B: Chemical, 2009, 137(2): 513-520.

[20] STOYCHEVA T, VALLEJOS S, BLACKMAN C, *et al*. Important considerations for effective gas sensors based on metal oxide nanoneedles films [J]. Sensors and Actuators B Chemical, 2012, 161(1): 406-413.

[21] 戴正飞，李越，蔡伟平. 纳米结构薄膜型气敏传感器的研究进展 [J]. 物理学报，2014, 6(43): 364-372.

[22] HODGKINSON J, TATAM R P. Optical gas sensing: a review [J]. Measurement Science and Technology, 2013, 24(1): 012004.

[23] 李昌厚等. 紫外可见分光光度计[M]. 北京: 化学工业出版社, 2005.
[24] 翁诗甫. 傅里叶变换红外光谱仪[M]. 北京: 化学工业出版社, 2005.
[25] HELAND J, HAUS R, SCHÄFER K. Remote sensing and analysis of trace gases from hot aircraft engine plumes using FTIR-emission-spectroscopy [J]. Science of the Total Environment, 1994, 158(18): 85-91.
[26] MADEJOVÁ J. FTIR techniques in clay mineral studies [J]. Vibrational Spectroscopy, 2003, 31(1): 1-10.
[27] 李宁. 基于可调谐激光吸收光谱技术的气体在线检测及二维分步重建研究[D]. 杭州: 浙江大学, 2008.
[28] CAO Y, SANCHEZ N P, JIANG W, *et al.* Simultaneous atmospheric nitrous oxide, methane and water vapor detection with a single continuous wave quantum cascade laser [J]. Optics Express, 2015, 23(3): 2121-2132.
[29] FRISH M B, WAINNER R T, LADERER M C, *et al.* Standoff and Miniature Chemical Vapor Detectors Based on Tunable Diode Laser Absorption Spectroscopy [J]. IEEE Sensors Journal, 2010, 10(3): 639-646.
[30] KAI H, JOCHEN S, DAVID R, *et al.* DOAS measurements of tropospheric bromine oxide in mid-latitudes [J]. Science, 1999, 283(5398): 55-57.
[31] HECKEL A, RICHTER A, TARSU T, *et al.* MAX-DOAS measurements of formaldehyde in the Po-Valley [J]. Atmospheric Chemistry and Physics, 2005, 5(4): 909-918.
[32] KERN C, SIHLER H, VOGEL L, *et al.* Halogen oxide measurements at Masaya Volcano, Nicaragua using active long path differential optical absorption spectroscopy [J]. Bulletin of Volcanology, 2009, 71(6): 659-670.
[33] JOHANSSON M, GALLE B, YU T, *et al.* Quantification of total emission of air pollutants from Beijing using mobile mini-DOAS [J]. Atmospheric Environment, 2008, 42(29): 6926-6933.

[34] PLATT U, MEINEN J, POHLER D, *et al*. Broadband cavity enhanced differential optical absorption spectroscopy (CE-DOAS) applicability and corrections [J]. Atmospheric Measurement Techniques Discussions, 2009, 2(2): 713-723.

[35] LEE H, KIM Y J, LEE C. Estimation of the rate of increase in nitrogen dioxide concentrations from power plant stacks using an imaging-DOAS [J]. Environmental Monitoring & Assessment, 2008, 152(1-4): 61-70.

[36] 孙友文, 刘文清, 谢品华等. 差分吸收光谱技术在工业污染源烟气排放监测中的应用[J]. 物理学报, 2013, 62(1): 1-10.

[37] 张云刚. 二氧化硫和氮氧化物吸收光谱分析与在线监测方法[D]. 哈尔滨: 哈尔滨工业大学, 2012.

[38] 赵贞贞. 基于光吸收传感的电子鼻气体图谱处理方法研究[D]. 重庆: 重庆大学, 2016.

[39] ROMANINI D, LEHMANN K K. Cavity ring-down overtone spectroscopy of HCN, H13CN and HC15N [J]. Journal of Chemical Physics, 1995, 102(2): 633-642.

[40] ZALICKI P, MA Y, ZARE R N, *et al*. Methyl radical measurement by cavity ring-down spectroscopy [J]. Chemical Physics Letters, 1995, 234(4-6): 269-274.

[41] SeMEANO A T S, MAFFEI D F, PALMA S, *et al*. Tilapia fish microbial spoilage monitored by a single optical gas sensor [J]. Food Control, 2018, 89: 72-76.

[42] GUTIÉRREZ A F, BRITTLE S, RICHARDSON T H, *et al*. A prototype sensor for volatile organic compounds based on magnesium porphyrin molecular films [J]. Sensors and Actuators B: Chemical, 2014, 202(10): 854-860.

[43] BRAULT J W. New approach to high-precision Fourier transform spectrometer design [J]. Applied Optics, 1996, 35(16): 2891-2896.

[44] TIAN Z, YAM S H, LOOCK H P. Refractive index sensor based on an abrupt taper Michelson interferometer in a single-mode fiber [J].

Optics Letters, 2008, 33(10): 1105-1107.

[45] WU C, FU H Y, KARIM K, *et al*. High-pressure and high-temperature characteristics of a Fabry-Perot interferometer based on photonic crystal fiber [J]. Optics Letters, 2011, 36(3): 412-414.

[46] DOHI T, SUZUKI T. Attainment of high resolution holographic Fourier transform spectroscopy [J]. Applied Optics, 1971, 10(5): 1137-1140.

[47] HARLANDER J M. Thesis-Spatial heterodyne spectroscopy Interferometric performance at any wavelength without scanning [D]. Madison: Univ. of Wisconsin, 1991.

[48] 冯玉涛, 孙剑, 李勇等. 宽光谱空间外差干涉光谱仪[J]. 光学精密工程, 2015, 23(1): 48-55.

[49] DAWSON O R, HARRIS W M. Tunable, all-reflective spatial heterodyne spectrometer for broadband spectral line studies in the visible and near-ultraviolet [J]. Applied Optics, 2009, 48(21): 4227-4238.

[50] HARLANDER J M, LAWLER J E, CORLISS J, *et al*. First results from an all-reflection spatial heterodyne spectrometer with broad spectral coverage [J]. Optics Express, 2010, 18(6): 6205-6210.

[51] LAWLER J E, LABBY Z E, HARLANDER J M, *et al*. Broadband, high-resolution spatial heterodyne spectrometer [J]. Applied Optics, 2008, 47(34): 6371-6384.

[52] ENGLERT C R, BABCOCK D D, HARLANDER J M. Spatial heterodyne spectroscopy for long-wave infrared: first measurements of broadband spectra [J]. Optical Engineering, 2009, 48(10): 1-9.

[53] LI Y, DING Y, LI T. Nonlinear diffusion filtering for peak-preserving smoothing of a spectrum signal [J]. Chemometrics and Intelligent Laboratory Systems, 2016, 156(15): 157-165.

[54] AGARWAL S, RANI A, SINGH V, *et al*. EEG signal enhancement using cascaded S-Golay filter [J]. Biomedical Signal Processing and Control, 2017, 36(7): 194-204.

[55] YATABE K, OIKAWA Y. Convex optimization-based windowed Fourier filtering with multiple windows for wrapped-phase denoising [J]. Applied Optics, 2016, 55(17): 4632-4641.

[56] ARBOLEDA C, WANG, Z STAMPANONI M. Wavelet-based noise-model driven denoising algorithm for differential phase contrast mammography [J]. Optics Express, 2013, 21(9): 572-589.

[57] 林文鹏，李厚增，黄敬峰等. 上海城市植被光谱反射特征分析[J]. 光谱学与光谱分析，2010, 30(11): 3111-3114.

[58] 孙友文，刘文清，谢品华等. 差分吸收光谱技术在工业污染源烟气排放监测中的应用[J]. 物理学报，2013, 62(1): 1-10.

[59] PERKINS C. Spatial heterodyne spectroscopy: Modeling and interferogram processing [M]. Merrimack College, 2013.

[60] SHEN J, XIONG W, SHI H, *et al.* Data processing error analysis based on Doppler asymmetric spatial heterodyne measurement [J]. Applied Optics, 2018, 56(12): 3531-3537.

[61] 王新强，张丽娟，熊伟等. 空间外差光谱自适应基线校正研究[J]. 光谱学与光谱分析，2017, 37(9): 2933-2936.

[62] ENGLERT C R, HARLANDER J M. Flatfielding in spatial heterodyne spectroscopy [J]. Applied Optics, 2006, 45(19): 4583-4590.

[63] 景娟娟，相里斌，吕群波等. 干涉光谱数据处理技术研究进展[J]. 光谱学与光谱分析，2011, 31(4): 865-870.

[64] ENGLERT C R, HARLANDER J M, CARDON J G, *et al.* Correction of phase distortion in spatial heterodyne spectroscopy [J]. Applied Optics, 2004, 43(36): 6680-6687.

[65] JIN W, CHEN D, LI Z, *et al.* Alignment error analysis of detector array for spatial heterodyne spectrometer [J]. Applied Optics, 2018, 56(5): 9830-9836.

[66] 范康年. 谱学导论（第二版）[M]. 北京：高等教育出版社，2011.

[67] 夏立娅. 仪器分析[M]. 北京：中国计量出版社，2006.

[68] 彭六保. 分光光度计分析仪器设计[D]. 北京：北京信息科技大学，

2007.

[69] 竹俊如. 水体中有机污染物的快速检测方法和仪器的研究[D]. 上海: 华东师范大学, 2008.

[70] ZHANG W, TIAN F, SONG A, *et al*. Continuous wide spectrum odor sensing for electronic nose system [J]. Sensors Review, 2017, 38(2): 223-230.

[71] ZHANG W, TIAN F, SONG A, *et al*. Research on electronic nose system based on continuous wide spectral gas sensing [J]. Microchemical Journal, 2018, 140: 1-7.

[72] ROTHMANA L S, JACQUEMARTA D, BARBE A, *et al*. The HITRAN 2004 molecular spectroscopic database [J]. Journal of Quantitative Spectroscopy and Radiative Transfer, 2005, 96(2): 139-204.

[73] 武婧. 吸收型光纤气体传感器气室设计概况[J]. 中国高新技术企业, 2009, (11): 18-19.

[74] 王焱, 符江, 符巨云. 可调谐LED光谱与积分球算法的乙炔检测研究[J]. 压电与声光, 2011, 33(6): 879-882.

[75] STRUC V, PAVELC N. The corrected normalized correlation coefficient: a novel way of matching score calculation for LDA-based face verification [J]. International Conference on Fuzzy Systems and Knowledge Discovery, 2008, 4(11): 110-115.

[76] 张明卫, 王波, 张斌等. 基于相关系数的加权朴素贝叶斯分类算法[J]. 东北大学学报(自然科学版), 2008, 29(7): 952-955.

[77] 张磊. 基于人工嗅觉系统的室内污染气体测量精度及鲁棒性研究[D]. 重庆: 重庆大学, 2013.

[78] CHIU Y, CHEN P, CHANG P, *et al*. Enhanced Raman sensitivity and magnetic separation for urolithiasis detection using phosphonic acid-terminated Fe3O4 nanoclusters [J]. Journal of Materials Chemistry B: Chemical, 2015, 3(20): 4282-4290.

[79] DIXON S J, BRERETON R G. Comparison of performance of five common classifiers represented as boundary methods: Euclidean

Distance to Centroids, Linear Discriminant Analysis, Quadratic Discriminant Analysis, Learning Vector Quantization and Support Vector Machines, as dependent on data structure [J]. Chemometrics and Intelligent Laboratory Systems, 2009, 95: 1-17.

[80] DISTANTE C, ANCONA N, SICILIANO P. Support vector machines for olfactory signals recognition [J]. Sensors and Actuators B: Chemical, 2003, 88: 30-39.

[81] PARDO M, SBERVEGLIERI G. Classification of electronic nose data with support vector machines [J]. Sensors and Actuators B: Chemical, 2005, 107(2): 730-737.

[82] 彭雄伟. 电子鼻传感器阵列信号的差异校正及漂移补偿研究[D]. 重庆: 重庆大学, 2015.

[83] 党丽君. 空气质量监测系统中多分类器的集成技术研究[D]. 重庆: 重庆大学, 2014.

[84] SUYKENS J A K, VANDEWALLE J. Least square support vector machine classifiers [J]. Neural Processing Letters, 1999, 9(3): 293-300.

[85] AYDOGDU M, FIRAT M. Estimation of failure rate in water distribution network using fuzzy clustering and LSSVM methods [J]. Water Resources Management, 2015, 29(5): 1575-1590.

[86] SKROBOT V L, CASTRO E V R, PEREIRA R C C, *et al.* Use of principal component analysis (PCA) and linear discriminant analysis (LDA) in gas chromatographic (GC) data in the investigation of gasoline adulteration [J]. Energy and Fuels, 2016, 21(6): 5-19.

[87] SALES F, CALLAO M P, RIUS F X. Multivariate standardization for correcting the ionic strength variation on potentiometric sensor arrays [J]. Analyst, 2000, 125(5): 883-888.

[88] 蔡履中, 王成彦, 周玉芳. 光学[M]. 济南: 山东大学出版社, 2002.

[89] CAI Q, LI B, HUANG M, *et al.* Prototype development and field measurements of high etendue spatial heterodyne imaging spectrometer [J]. Optics Communications, 2018, 410(1): 403-409.

[90] 沈为民，陈林森，顾华俭等. 共光路空间外差干涉仪理论与性能分析[J]. 激光杂志，2000, 21(1): 21-25.

[91] 罗海燕，施海亮，李志伟等. 温度对星载空间外差干涉型光谱仪性能的影响[J]. 光谱学与光谱分析，2014, 34(9): 2578-2581.

[92] 张文理，田逢春，赵贞贞等. 空间外差光谱仪的干涉图校正[J]. 光电工程，2017, 44(5): 488-497.

[93] ZHANG W, TIAN F, SONG A, *et al*. Research on a Visual Electronic Nose System Based on Spatial Heterodyne Spectrometer [J]. Sensors, 2018, 18(4): 1188.

[94] 张文理，田逢春，宋安. 一种新型的可视化气体传感技术研究[J]. 光谱学与光谱分析，2018, 38(10): 377-378.

[95] LIN L. A concordance correlation coefficient to evaluate reproducibility [J]. Biometrics, 1989, 45(1): 255-268.

[96] WANG Z, LU L, BOVIK A C. Video quality assessment based on structural distortion measurement [J]. Signal Processing Image Communication, 2004, 19(2): 121-132.

[97] ZULPE N, PAWAR V. GLCM Textural Features for Brain Tumor Classification [J]. International Journal of Computer Science Issues, 2012, 9(3): 354-359.

[98] ZHANG B, GAO Y, ZHAO S, *et al*. Local Derivative Pattern Versus Local Binary Pattern: Face Recognition With High-Order Local Pattern Descriptor [J]. IEEE Transactions on Image Processing, 2010, 19(2): 533-544.

[99] 陈立君. 基于流形支持向量机的木材表面缺陷识别方法的研究[D]. 哈尔滨：东北林业大学，2015.

[100] HAN L, ZHANG W, PU X, *et al*. Optical nonsubsampled contourlet transform [J]. Applied Optics, 2016, 55(27): 7726-7734.

[101] 何星，王宏力，陆敬辉等. 基于优选小波包和ELM的模拟电路故障诊断[J]. 仪器仪表学报，2013, 34(11): 2614-2619.

[102] 张立国，杨瑾，李晶等. 基于小波包和数学形态学结合的图像特征提取方法[J]. 仪器仪表学报，2010, 31(10): 2285-2290.

[103] ZHANG Z, CHEN S, LIANG Y. Baseline correction using adaptive iteratively reweighted penalized least squares [J]. Analyst, 2010, 135(5): 1138-46.

[104] WU Y, GUO P, CHEN S, *et al*. Wind profiling for a coherent wind Doppler lidar by an auto-adaptive background subtraction approach [J]. Applied Optics, 2017, 56(10): 2705-2713.

[105] ROTHMAN L S, RINSLAND C P, GOLDMAN A, *et al*. The HITRAN molecular spectroscopic database and hawks (hitran atmospheric workstation): 1996 edition [J]. Journal of Quantitative Spectroscopy and Radiative Transfer, 1998, 60(5): 665-710.

[106] BACSIK Z, MINK J, KERESZTURY G. FTIR spectroscopy of the atmosphere part 2 Applications [J]. Applied Spectroscopy Reviews, 2005, 40(4): 327-390.

[107] 姚华. 采用可调谐激光吸收光谱技术遥测甲烷气体浓度的研究[D]. 杭州: 浙江大学, 2011.

[108] HU X, ZHONG X, ZHANG N. Removal of baseline wander from ECG signal based on a statistical weighted moving average filter [J]. Frontiers of Information Technology and Electronic Engineering, 2011, 12(5): 397-403.

[109] 赵剑锟. 月表诱发伽玛辐射场特征与有效原子序数研究[D]. 成都: 成都理工大学, 2017.

[110] 张初. 基于光谱与光谱成像技术的油菜病害检测机理与方法研究[D]. 杭州: 浙江大学, 2017.

[111] 车娜. 基于偏移场的核磁共振脑图像分割算法研究[D]. 长春: 吉林大学, 2013.

[112] 蒲秀娟, 曾孝平, 韩亮等. 基于最小二乘支持向量机的胎儿心电信号提取[J]. 电子与信息学报, 2009, 31(12): 2941-2947.

[113] ASSALEH K. Extraction of Fetal Electrocardiogram Using Adaptive Neuro-Fuzzy Inference Systems [J]. IEEE Transactions on Biomedical Engineering, 2007, 54(1): 59-68.

[114] ZHANG W, TIAN F, SONG A, *et al*. Research on an optical e-nose

denoising method based on LSSVM [J]. Optik, 2018, 168(9): 118-126.

[115] LI R, DANG A. A blind detection scheme based on modified wavelet denoising algorithm for wireless optical communications [J]. Optics Communications, 2015, 353(10): 165-170.

[116] LI D, ZHANG L, YANG J, *et al*. Research on wavelet-based contourlet transform algorithm for adaptive optics image denoising [J]. Optik-International Journal for Light and Electron Optics, 2016, 127(12): 5029-5034.

[117] WU K, ZHANG X, DING M. Curvelet based nonlocal means algorithm for image denoising [J]. AEU-International Journal of Electronics and Communications, 2014, 68(1): 37-43.

[118] 李志刚, 王淑荣, 李福田. 紫外傅里叶变换光谱仪干涉图数据处理[J]. 光谱学与光谱分析, 2000, 20(2): 203-205.

[119] 李志伟, 熊伟, 施海亮等. 超光谱空间外差干涉仪探测器响应误差校正[J]. 光学学报, 2014, 34(5): 530001.

[120] ZHANG W, TIAN F, ZHAO Z, *et al*. Research on the technology of alternative continuous wide spectral spatial heterodyne spectrometer [J]. Current Optics and Photonics, 2017, 1(4): 295-307.

[121] MILLER E E, ROESLER F L. Optical concepts and applications: a textbook for users [M]. New York: Wiley. 2012.

[122] 马科斯 · 玻恩，埃米尔 · 沃耳夫. 光学原理：光的传播、干涉和衍射的电磁理论（第7版）[M]. 杨葭荪，译. 北京：电子工业出版社，2016.

附录A

HITRAN数据库提供的在紫外-可见-近红外波段

存在吸收的部分气体及对应吸收波段范围

气体种类	吸收波段范围/nm
一氧化二氮（N_2O）	170 ~ 223
一氧化氮（NO）	200 ~ 230
氨气（NH_3）	200 ~ 300
二硫化碳（CS_2）	200 ~ 340
硫化氢（H_2S）	200 ~ 380
二氧化氮（NO_2）	240 ~ 650
二氧化硫（SO_2）	260 ~ 330
氧化溴（Br_2O）	286 ~ 386
臭氧（O_3）	300 ~ 330
氟化氢（HF）	309 ~红外
二氧化氯（ClO_2）	312 ~ 440
三氧化氮（NO_3）	476 ~ 794
氯化氢（HCl）	494 ~红外
一氧化碳（CO）	690 ~红外
氧气（O_2）	700 ~ 800
苯（C_6H_6）	230 ~ 280
甲苯（C_7H_8）	240 ~ 280
二甲苯（C_8H_{10}）	240 ~ 290
羟基（-OH）	278 ~红外
甲醛（CH_2O）	300 ~ 400
甲烷（CH_4）	870 ~红外

附录B

部分术语的英文缩写及中文名称对照表

英文缩写	英文全称	中文名称
E-nose	electronic nose	电子鼻
KNN	k-nearest neighbor	k-最近邻域
EDC	Euclidean distance to centroids	欧氏距离-质心
CC	correlation coefficient	相关系数
PCA	principal component analysis	主成分分析
MLP	multilayer perceptron	多层感知机
SVM	support vector machine	支持向量机
LSSVM	least squares support vector machine	最小二乘支持向量机
DAS	direct absorption spectroscopy	直接光谱吸收
TDLAS	tunable diode laser absorption spectroscopy	可调谐半导体激光吸收光谱
DOAS	differential optical absorption spectroscopy	差分吸收光谱
CRDS	cavity ring-down spectroscopy	腔衰荡光谱
SHS	spatial heterodyne spectroscopy	空间外差光谱
NCC	normalized correlation coefficient	归一化相关系数
LBP	local binary patterns	局部二进制模式
GLCM	gray-level co-occurrence matrix	灰度共生矩阵
MFC	mass flow controller	质量流量控制器
MWA	moving window average	移动窗口平均
S-G filter	Savitzky-Golay filter	S-G滤波
PLS	penalized least squares	惩罚最小二乘
AirPLS	adaptive iteratively reweighted penalized least squares	自适应迭代加权惩罚最小二乘
SSIM	structure similarity index measure	结构相似性指数度量